U0201874

高等职业教育"十三五"规划教材（工业机器人技术专业）

工业机器人技术应用（ABB）

主　编　卢玉锋　胡月霞

副主编　张丽娟　刘艳春　张晓燕

中国水利水电出版社
www.waterpub.com.cn
·北京·

内 容 提 要

　　本书以 ABB 六自由度工业机器人为载体，以西门子 S7-1200 和 MCGS 触摸屏为控制系统，通过搬运码垛、激光雕刻和机器人焊接三个体现企业真实场景和工作过程的生产实训项目，将机器人技术应用的学习融入到典型应用的实训项目中实现，激发学生学习机器人应用技术的兴趣，培养学生工业机器人技术应用方面的实践能力和创新能力。

　　本书内容由易到难、由浅入深、图文并茂、实操性强，可作为中高等职业技术院校工业机器人技术、机电一体化技术、电气自动化技术、数控技术等相关专业的教学用书，也可作为从事工业机器人技术应用相关工作工程技术人员的培训和自学用书。

图书在版编目（CIP）数据

　　工业机器人技术应用：ABB／卢玉锋，胡月霞主编. -- 北京：中国水利水电出版社，2019.3
　　高等职业教育"十三五"规划教材. 工业机器人技术专业

　　ISBN 978-7-5170-7575-2

　　Ⅰ. ①工… Ⅱ. ①卢… ②胡… Ⅲ. ①工业机器人－高等职业教育－教材 Ⅳ. ①TP242.2

　　中国版本图书馆CIP数据核字(2019)第056758号

策划编辑：陈红华	责任编辑：张玉玲	封面设计：梁 燕

书　　名	高等职业教育"十三五"规划教材（工业机器人技术专业） 工业机器人技术应用（ABB） GONGYE JIQIREN JISHU YINGYONG（ABB）
作　　者	主　编　卢玉锋　胡月霞 副主编　张丽娟　刘艳春　张晓燕
出版发行	中国水利水电出版社 （北京市海淀区玉渊潭南路 1 号 D 座　100038） 网址：www.waterpub.com.cn E-mail：mchannel@263.net（万水） 　　　　sales@waterpub.com.cn 电话：（010）68367658（营销中心）、82562819（万水）
经　　售	全国各地新华书店和相关出版物销售网点
排　　版	北京万水电子信息有限公司
印　　刷	三河航远印刷有限公司
规　　格	184mm×260mm　16 开本　12.75 印张　314 千字
版　　次	2019 年 3 月第 1 版　2019 年 3 月第 1 次印刷
印　　数	0001—3000 册
定　　价	35.00 元

前　言

当前，随着我国劳动力成本快速上涨，人口红利逐渐消失，生产方式向柔性、智能、精细转变，构建以智能制造为根本特征的新型制造体系迫在眉睫，对工业机器人的需求将呈现大幅增长。工业机器人技术应用是实现智能制造、工业自动化的关键所在。目前，工业机器人技术应用已经成为新时代工业机器人技术、机电一体化技术、电气自动化技术、数控技术等专业的核心课程。

本书以 ABB 六自由度工业机器人为载体，以西门子 S7-1200 和 MCGS 触摸屏为控制系统，设计了 3 个体现企业真实场景和工作过程的典型生产实训项目。项目 1 工业机器人搬运实训系统应用，主要介绍工业机器人搬运工作站的整体认知和 ABB 六自由度工业机器人 IRB120 的使用、信号配置、程序设计和运行调试，通过编写 S7-1200PLC 控制程序和 MCGS 组态软件编程，操作人机界面 MCGS 触摸屏上的按钮，工业机器人实现对 3 种不同材质的工件进行分类搬运入库；项目 2 工业机器人雕刻实训系统应用，主要介绍工业机器人雕刻实训系统的整体认知，ABB 六自由度工业机器人 IRB1410 的使用、信号配置、程序设计和运行调试，激光雕刻软件的使用，通过编写 S7-1200PLC 控制程序和 MCGS 组态软件编程，操作人机界面 MCGS 触摸屏上的按钮，工业机器人完成在金属薄片上对文字、图形图像的激光雕刻；项目 3 工业机器人焊接实训系统应用，主要介绍工业机器人焊接工作站的整体认知、工业机器人焊接系统、机器人焊接基础知识、焊接工作站仿真、机器人焊接程序设计等，通过对焊机的参数设置与调试，工业机器人完成对不同材质、不同厚度钢板的焊接实训。

本书中的每个项目由不同的任务构成，每个任务由任务描述、任务分析、任务目标、相关知识、任务示范、技能实训、知识拓展和思考与练习 8 个部分组成。学生需要明确任务目标，通过任务描述对任务进行分析讨论，掌握完成任务的相关知识。教师通过引导学生在课堂上完成任务来进行教学，体现一体化教学中的"做中学"，以达到学习和掌握知识技能的目的，技能实训则是对学生"学中做"的技能测评。拓展提高部分是为学习能力强的学生进一步掌握更高技能而设计的，思考与练习是平时实训过程中常见的问题，巩固所学技能。

本书的任务示范均已经过实践验证。

本书由包头轻工职业技术学院的卢玉锋、胡月霞任主编，包头轻工职业技术学院的张丽娟、刘艳春、张晓燕任副主编。具体编写分工如下：张丽娟编写项目 1；卢玉锋编写项目 2 中的任务 2 至任务 4 和项目 3 中的任务 4，并对全书项目进行设计、统稿等；胡月霞编写项目 3 中的任务 2 和任务 3；刘艳春编写项目 3 中的任务 1；张晓燕编写项目 2 中的任务 1；包头轻工职业技术学院的卢尚工、包钢钢管公司的王志彬参与了本书的部分编写工作。本书由张云龙教授主审，他对教材的编写提出了宝贵建议和意见。在本书编写过程中，上海 ABB 工程有限公司、天津博诺机器人有限公司和江苏汇博机器人技术有限公司的工程师们提供了有关技术数据和资料，中国水利水电出版社对本书的出版提供大力支持和帮助，在此一并表示衷心感谢。

限于编者的经验和水平以及编写时间的限制，书中难免存在疏漏甚至错误之处，恳请读者批评指正。

编　者

2019 年 2 月

目　录

项目 1　工业机器人搬运实训系统应用

项目导读

　　工业机器人搬运系统项目，采用 ABB 工业机器人、西门子 1200PLC、MM420 变频器、昆仑通态触摸屏为实训系统的重要组成部分，具有集成度高、使用普遍、平稳、可靠、节能和不污染环境等优点，从而被广泛应用。本项目作为教学和实践的辅助工具，包含了工业机器人、供料单元、分拣单元、加工单元、仓储单元和中转单元，可以对每个单元进行了解，进行单独编程，又可以连续起来进行动作，这样可以逐渐使学生了解整个实训系统的内容，可满足中高等职业院校自动化和机电专业相关课程设计、毕业设计及生产实训的需要。在本项目中就给大家详细介绍有关工业机器人搬运系统的具体过程。

教学目标

知识目标

- 了解工业机器人搬运工作站系统的整体设备组成。
- 掌握搬运工作站系统的工艺过程。
- 掌握搬运工作站西门子 1200PLC 程序编写。
- 掌握搬运工作站触摸屏编程应用。
- 掌握搬运工作站工业机器人程序编写。
- 掌握搬运工作站系统调试与运行的基本方法和步骤。
- 掌握搬运工作站系统的安全操作与注意事项。

技能目标

- 能够概述工业机器人搬运工作站系统的整体设备组成。
- 能够对搬运工作站系统的工艺过程进行分析。
- 能够完成搬运工作站西门子 1200PLC 程序编写。
- 能够完成搬运工作站触摸屏编程应用。
- 能够完成搬运工作站工业机器人系统程序编写。
- 能够完成搬运工作站系统的调试与运行。
- 能够遵守搬运工作站系统的安全操作规程。

素质目标

- 在实训过程中，学生养成良好的职业习惯。

- 在学习和技能实践过程中，培养学生吃苦耐劳、爱岗敬业的精神。
- 培养学生整理实训设备、工具，使桌椅等摆放整齐（企业 6S 管理之一——整理）。
- 培养学生整顿实训设备，使之取用快捷（企业 6S 管理之二——整顿）。

任务 1　工业机器人搬运工作站整体认知

【任务描述】

工业机器人搬运工作站包括触摸屏、放料单元、颜色检测单元、传送单元、冲压单元、IRB120 工业机器人、中转单元、仓储单元，如图 1-1 所示。

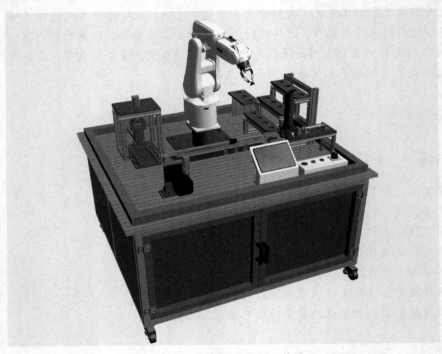

图 1-1　工业机器人搬运工作站

触摸屏上的相应按钮可以对设备进行启动停止控制，并进行信号的监控和参数的修改。放料单元对需要加工的物料进行存放，等待加工。传送单元可以把物料送到可以检测的地方。颜色检测单元可对颜色数据进行提取并对其进行数据传送。冲压单元完成物料的一次冲压。IRB120 工业机器人可以把物料搬运到需要的地方并且按顺序码放到仓储单元。中转单元存放仓储单元超出存放的物料以及识别不了的物料。仓储单元对物料进行按规律放置。

【任务分析】

该任务需要学生认识工作站中每个单元的设备并了解其功能，清楚整个工作站的工艺流程及操作。

【任务目标】

- 了解工业机器人搬运工作站系统的整体结构。
- 掌握 IRB120 工业机器人单元的机械结构及工艺。
- 掌握触摸屏单元的作用及操作方法。
- 掌握工作站其他单元的功能及工作原理。

【相关知识】

1. 搬运工作站机械结构

搬运工作站的机械结构如图 1-2 所示。

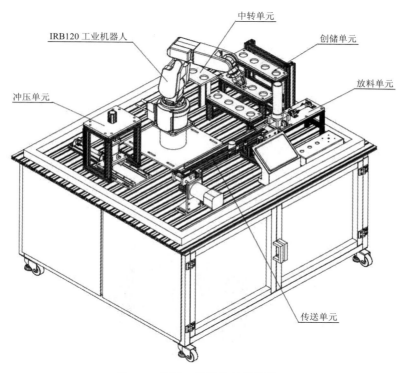

图 1-2　搬运工作站的机械结构

机器人搬运工作站包括放料单元、传送单元、IRB120 工业机器人、仓储单元、中转单元和冲压单元，这 6 个单元相互配合共同完成搬运工作。

2. IRB120 工业机器人单元的机械结构

机器人单元由工业机器人、底座、末端工具、机器人控制系统和示教器组成。ABB 公司生产的 IRB120 六轴工业机器人最高荷重 3kg（手腕（五轴）垂直向下时为 4kg），工作范围达580mm，具有敏捷、紧凑、轻量的特点，控制精度与路径精度俱佳，是物料搬运与装配应用的理想选择。

机器人末端初始采用气动手爪和真空吸附两种工具，安装在同一支架上，分别用于吸附码垛圆柱工件和装配工件。

IRB120 工业机器人的机械结构如图 1-3 所示。

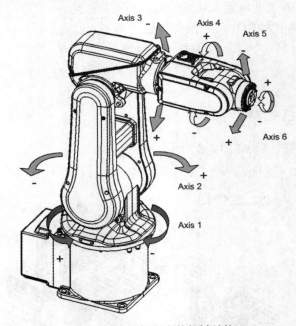

图 1-3　IRB120 工业机器人的机械结构

IRB120 工业机器人的示教器通过 FlexPendant 连接器连接到控制器，继而控制机器人的动作。示教器的结构如图 1-4 所示。

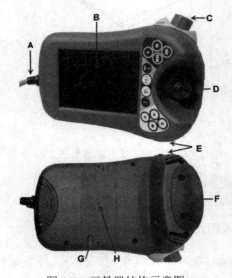

图 1-4　示教器结构示意图

A—连接器，B—触摸屏，C—紧急停止按钮，D—控制杆

E—USB 端口，F—使动装置，G—触摸笔，H—重置按钮

3．触摸屏单元

本单元采用昆仑通态触摸屏，可以对系统进行启动、停止操作，并进行信号的监控和参数的修改。本单元通过 MCGS 组态软件实现与 PLC 的通信。

4．其他基本单元

放料单元是一个气推出库装置，单杆气缸驱动尼龙推块作为动力，逐次推出有机玻璃料仓管内的工件，送至皮带输送机构上。

传送单元由铝型材支架、光电传感器、调速阀、磁性开关、单控电磁阀等组成。

冲压单元是一个伸缩气缸，模拟冲压工艺。

仓储单元的存储数量是 3 列 3 层共 9 个仓位，每个仓位承重 2kg。

【任务示范】

搬运工作站的运行工艺

（1）工作站设备通电，确保仓储单元没有物料，放料单元有物料，检查设备的初始状态。然后按下触摸屏上的启动按钮，系统开始工作。

（2）放料单元利用气缸的伸缩将料仓中的物料推出，推出到传送带的起始位置。

（3）传送带通过电机驱动，MM420 变频器可以控制传送带的速度，从而将物料运送到机器人的抓取区域。在传送带上装有颜色检测传感器和计数传感器，通过检测物料不同的颜色从而指定物料在仓储单元中的存放位置，计数传感器检测到传送物料的个数，如果超过仓储单元存放的个数，那么机器人就会把多余的物料或颜色传感器不能识别的物料存放在中转单元中。

（4）IRB120 工业机器人将物料从传送带放到冲压单元，通过气缸的伸缩来模拟冲压工艺。

（5）冲压完毕后，机器人将物料根据颜色放到仓储单元的指定层。

（6）搬运完毕后。

【技能实训】

ABB 搬运工作站认知。

任务考核评分表

序号	考核内容	考核方式	考核标准	权重	成绩
1	机器人工作站的整体结构	理论	能现场介绍工作站的组成	40%	
2	工作站的工艺流程	理论	清楚工作站所要完成的工作，各单元的衔接	30%	
3	IRB120 工业机器人的结构	理论	介绍机器人的组成及各部分的功能	30%	

【知识拓展】

紧急安全处理系统。

（1）停止系统。

概述：出现操纵器运行时，机器人操纵器区域内有工作人员；操纵器伤害了工作人员或损伤了机器设备时请立即按下任意紧急停止按钮。

示教器紧急停止按钮如图 1-5 所示。

图 1-5   示教器结构图（A－紧急停止按钮）

控制器紧急停止按钮如图 1-6 所示。

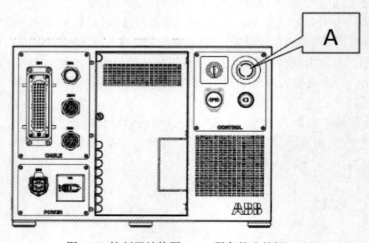

图 1-6   控制器结构图（A－紧急停止按钮）

（2）灭火。

注意：如果操纵器系统（操纵器或控制器）发生火灾，请使用二氧化碳（CO_2）灭火器。

（3）关闭控制器的所有电源。

概述：控制器的每个模块上均有一个主电源开关，为确保控制器完全断电，所有模块上的主电源开关都必须关闭。

注意：工厂或车间可能还有其他需要切断电源的设备，有关这些电源开关的摆放位置请参阅工厂或车间的说明文档。

关闭电源的步骤如表 1-1 所示。

表 1-1　关闭电源的步骤

步骤	操作	参考信息
1	关闭控制模块上的主电源开关	如果您的系统使用 Single Cabinet Controller、Modular Controller 或 IRC5 Compact 控制器，则只需执行步骤 1
2	关闭所有相连的驱动模块和其他模块（如点焊机柜等）上的主电源开关	

（4）解救受困于机器人手臂的工作人员。

概述：如果工作人员受困于机器人手臂，则必须解救该人员以免其进一步受伤。

释放机器人制动闸后将可能手动移动机器人，但仅足够轻的小型机器人方可被人力移动，移动大型机器人可能需要使用高架起重机或类似设备。释放制动闸前请确定已准备好适合的设备。

警告：在释放制动闸前，要确保手臂重量不会增加对受困人员的压力进而增加任何受伤风险。

解救受困人员的操作如表 1-2 所示。

表 1-2　解救受困人员

序号	操作
1	按下任意紧急停止按钮
2	确保受困人员不会因解救操作进一步受伤
3	移动机器人以解救受困人员
4	解救受困人员并给予医疗
5	确保机器人工作车间已清空，不会出现人员受伤风险

（5）从紧急停止状态中恢复。

概述：从紧急停止状态中恢复是一个简单却非常重要的步骤。此步骤可确保操纵器系统只有在危险完全排除后才会恢复运行。

重置紧急停止按钮的"锁"：所有按键形式的紧急停止设备都有"上锁"功能。这个"锁"必须打开才能结束设备的紧急停止状态。许多情况下，需要旋转按键。而有些设备则需要拉起按键才能打开"锁"。

重置自动紧急停止设备：自动紧急停止设备也需要打开"锁"。请参阅工厂或车间的说明文档了解操纵器系统的配置方法。

从紧急停止状态中恢复：确保已经排除所有危险；复位并重置引起紧急停止状态的设备；按下电机的"开"按钮，从紧急停止状态中恢复正常操作。

【思考与练习】

理论题

1. 工作站中诸多信号是通过什么进行控制的？
2. MM420 变频器的作用是什么？
3. 触摸屏的工作原理是什么？

实训题

设备上电，检查系统的初始状态，并在 PLC 上找到信号的输入点。

任务 2　搬运工作站机器人系统程序设计

【任务描述】

IRB120 工业机器人的任务是将传送带末端的工件抓取后放在冲压单元，等待冲压完成后再将工件存放在仓储单元，将超出存储范围或检测不到的工件放到中转单元中。

【任务分析】

本任务实际就是机器人走这几个抓取、放置点的过程：抓取点 1（传送带末端）——放置点 1（冲压区）——抓取点 2（放置点 1）——放置点 2（存储区）/放置点 3（中转区）。

【任务目标】

- 了解机器人的工作路径。
- 掌握机器人的常用运动指令。
- 掌握机器人示教器的使用方法。

【相关知识】

1. ABB 示教器的使用

ABB 机器人主要有两种模式：手动和自动。

手动：在手动模式下，可以进行系统参数设置、程序编辑、手动控制机器人运动。

自动：机器人调试好后投入运行的模式，此模式下示教器大部分功能被禁用。

ABB 机器人示教器显示屏功能图如图 1-7 所示。

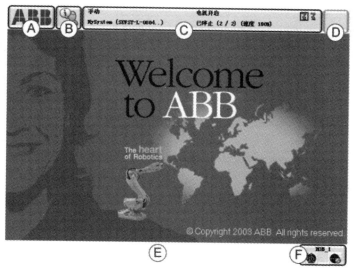

图 1-7　示教器显示屏功能图

A－ABB 主菜单，B－操作员窗口，C－状态栏，D－关闭按钮，E－任务栏，F－"快速设置"菜单

操作员窗口显示来自机器人程序的消息。程序需要操作员作出某种响应以便继续时往往会出现消息提醒。

状态栏显示与系统状态有关的重要信息，如操作模式、电机开启/关闭、程序状态灯。

单击关闭按钮将关闭当前的视图或应用程序。

通过 ABB 菜单可以打开多个视图，但一次只能操作一个。任务栏显示所有打开的视图，并可用于视图切换。

"快速设置"菜单包含微动控制和程序执行的设置。

ABB 主菜单（如图 1-8 所示）下面的"手动操纵"菜单（如图 1-9 所示）可以进行手动设置。

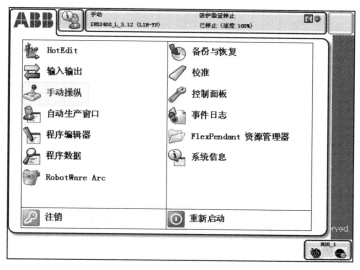

图 1-8　ABB 主菜单

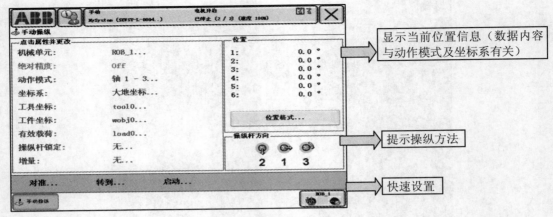

图 1-9　"手动操纵"菜单

外部进行坐标切换，如图 1-10 所示。

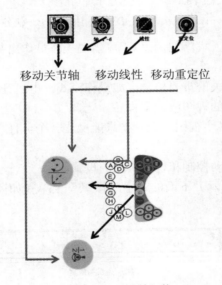

图 1-10　开关切换

操纵杆每位移一次，机器人就移动一步。选择不同的增量（如图 1-11 和表 1-3 所示），每一步运动的距离也有所不同。如果操纵杆持续一秒或数秒，机器人就会持续移动。

如果对使用操纵杆通过位移幅度来控制机器人运动的速度不熟练的话，则可以使用增量模式来控制机器人的运动。

图 1-11　增量种类

表 1-3　增量大小

增量种类	移动距离/mm	角度/°
小	0.05	0.05
中	1	0.02
大	5	0.2
用户	自定义	自定义

2. 坐标及模式的设置

（1）工具坐标。

工具坐标数据（tooldata）用于描述安装在机器人第 6 轴上的工具的 TCP、质量（Mass）、重心（Cog）等参数数据。

默认工具坐标系（tool0）的工具中心点（Tool Center Point）位于机器人安装法兰盘的中心，如图 1-12 所示。

图 1-12　默认工具坐标系 tool0

所有机器人在手腕处都有一个预定义工具坐标系，该坐标系被称为 tool0。这样就能将一个或多个新工具坐标系定义为 tool0 的偏移值。

工具坐标数据的设定方法有 3 种，分别是 4 点法、5 点法和 6 点法。

4 点法：不改变 tool0 的坐标方向。

5 点法：改变 tool0 的 Z 方向。

6 点法：改变 tool0 的 X 和 Z 方向。

前三个点的姿态相差尽量大些，这样有利于 TCP 精度的提高。

（2）工件坐标。

工件坐标定义工件相对于大地坐标系（或其他坐标系）的位置。机器人可以拥有若干工件坐标系，或者表示不同工件，或者表示同一工件在不同位置的若干副本。

重新定位工作站中的工件时，您只需更改工件坐标系的位置，所有路径将即刻随之更新。

允许操作以外轴或传送导轨移动的工件，因为整个工件可连同其路径一起移动。

在对象的平面上，只需要定义 3 个点就可以建立一个工件坐标，如图 1-13 所示。

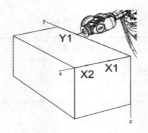

图 1-13   工件坐标

X1 确定工件坐标的原点，X2 确定工件坐标 X 正方向，Y1 确定工件坐标 Y 正方向。
工件坐标符合右手定则。

（3）动作模式。

动作模式包括移动关节轴、移动线性、移动重定位。

ABB 机器人是由六个伺服电动机分别驱动机器人的六个关节轴，那么每次手动操纵一个关节轴的运动，就称之为单轴运动，如图 1-14 所示。

图 1-14   单轴运动

机器人的线性运动是指安装在机器人第六轴法兰盘上的工具在空间中作线性运动，如图 1-15 所示。

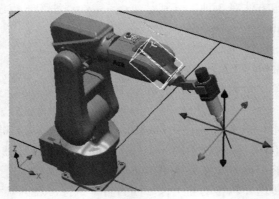

图 1-15   线性运动

　　机器人的重定位运动是指机器人第六轴法兰盘上的工具 TCP 点在空间中绕着工具坐标系旋转的运动，也可理解为机器人绕着工具 TCP 点作姿态调整的运动，如图 1-16 所示。

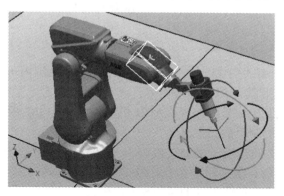

图 1-16　重定位运动

机器人各坐标的适用场景如图 1-17 所示。

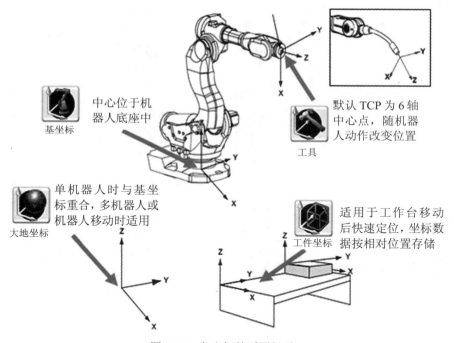

图 1-17　各坐标的适用场景

3. I/O 板与 I/O 信号

　　例如传送带上货物运动到某一位置，传感器检测到后发出一个信号 1 给机器人和传送带，传送带接收到信号后会停止，机器人接收到信号就会取走货物放到指定位置。机器人在一个码盘上码好货物后，发送一个信号 2 给报警灯，使报警灯亮同时蜂鸣器响，提醒工作人员将码盘搬走。

上述实例中信号 1 对机器人来讲就是输入信号，信号 2 就是输出信号。

I/O 信号分为数字量 I/O 信号、模拟量 I/O 信号、组 I/O 信号三大类。

数字量 I/O 信号：只有 0 和 1 两种状态，也就是只有"有""没有"两种，没有大小之分。

数字量输入：di

数字量输出：do

模拟量：在一定范围连续变化的量，也就是信号在一定范围内可以取任意值。

组信号：将若干信号作为一组信号来使用。

I/O 板：就是接收或发出信号的装置。ABB 机器人常见的 I/O 板有 DSQC651、DSQC652 等。I/O 板安装在机器人控制柜的门上。

DSQC652 的 X1、X2 两排端子是 DO 接口，一排 8 个，共 16 个；X3、X4 是 DI 接口，一排 8 个，共 16 个，如图 1-18 所示。

DeviceNet 接口，连接到机器人的 DeviceNet 总线上。

DSQC651 只有 1 排 X1 端子 DO、1 排 X3 端子 DI、1 排 X6 端子和 2 个 AO，如图 1-19 所示。

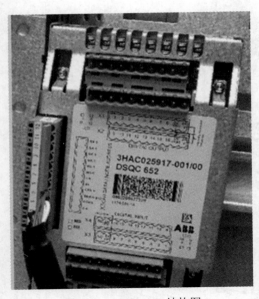
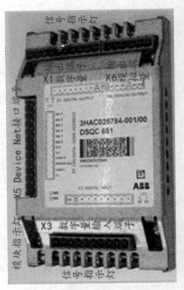

图 1-18　DSQC652 结构图　　　　图 1-19　DSQC651 结构图

4. 常用指令

（1）机器人在空间中运动指令。

机器人在空间中的运动主要有：关节运动（MoveJ）、线性运动（MoveL）、圆弧运动（MoveC）、绝对位置运动（MoveAbsJ）4 种方式。

关节运动指令：MoveJ

关节运动指令是在对路径精度要求不高的情况下，机器人的工具中心点 TCP 从一个位置移动到另一个位置，两个位置之间的路径不一定是直线，如图 1-20 所示。

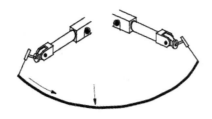

图 1-20　关节运动

线性运动指令：MoveL

线性运动是机器人的 TCP 从起点到终点之间的路径始终保持为直线，如图 1-21 所示。一般如焊接、涂胶等应用对路径要求高的场合使用此指令。

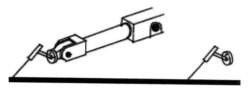

图 1-21　直线运动

圆弧运动指令：MoveC

圆弧运动是在机器人可到达的空间范围内定义三个位置点，第一个点是圆弧的起点，第二个点是圆弧的曲率，第三个点是圆弧的终点，如图 1-22 所示。

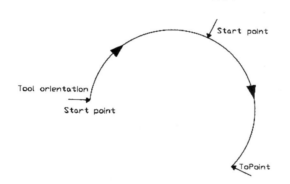

图 1-22　圆弧运动

机器人通过中心点以圆弧移动方式运动至目标点，当前点、中间点与目标点决定一段圆弧，机器人状态可控，运动路径保持唯一，常用于机器人在工作状态移动。

绝对位置运动指令：MoveAbsJ

绝对位置运动指令是机器人的运动使用六个轴和外轴的角度值来定义目标位置数据，常用于回到机械零点的位置。

（2）其他常用指令。

1）I/O 控制指令。

Set：数字信号置位指令，用于将数字输出（Digital Output）置位为"1"。

Reset：数字信号复位指令，用于将数字输出（Digital Output）置位为"0"。

2）信号判断指令。

WaitDI：数字输入信号判断指令，用于判断数字输入信号的值是否与目标一致。

WaitDO：数字输出信号判断指令，用于判断数字输出信号的值是否与目标一致。

WaitUntil：信号判断指令，可用于布尔量、数字量和 I/O 信号值的判断，如果条件到达指令中的设定值，程序继续往下执行，否则就一直等待，除非设定了最大等待时间。

3）条件逻辑判断指令。

Compact IF：紧凑型条件判断指令，用于当一个条件满足了以后就执行一句指令。

For：重复执行判断指令，用于一个或多个指令需要重复执行数次的情况。例如：

FOR i FROM 1 TO 10 DO

Routine1;

ENDFOR

IF：条件判断指令，就是根据不同的条件去执行不同的指令。例如：

IF num1=1 THEN

Flag1:=1

ELSEIF num1=2 THEN

Flag1:=2

ENDIF

WHILE：条件判断指令，用于在给定条件满足的情况下一直重复执行对应的指令。例如：

WHILE num1 > num2 DO

num1:=num1-1;

ENDWHILE

ProcCall：调用例行程序指令，通过使用此指令在指定的位置调用例行程序。

RETURN：返回例行程序指令，当此指令被执行时马上结束本例行程序的执行，返回程序指针到调用此例行程序的位置。

WaitTime：时间等待指令，用于程序在等待一个指定的时间以后再继续向下执行。

功能函数 offs：offs(p1,x,y,z)代表一个离 p1 点 X 轴偏差量为 x，Y 轴偏差量为 y，Z 轴偏差量为 z 的点，如图 1-23 所示。

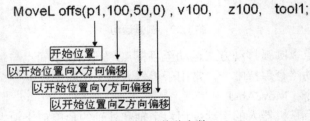

图 1-23　偏移参数

（3）程序编辑器。

应用程序是使用称为 RAPID 编程语言的特定词汇和语法编写而成的。

RAPID 是一种英文编程语言，所包含的指令可以移动机器人、设置输出、读取输入，还可以实现决策、重复其他指令、构造程序、与系统操作员交流等。

RAPID 程序由程序模块与系统模块组成。一般地，只通过新建程序模块来构建机器人的程序，而系统模块多用于系统方面的控制。

可以根据不同的用途创建多个程序模块，如专门用于主控制的程序模块。

每一个程序模块包含了程序数据、例行程序、中断程序和功能 4 种对象，但不一定在一个模块中都有这 4 种对象，程序模块之间的数据、例行程序、中断程序和功能是可以互相调用的。

在 RAPID 程序中，只有一个主程序 main，并且存在于任意一个程序模块中，且作为整个 RAPID 程序执行的起点。

【任务示范】

1. 六轴原点校正

第一步：选择手动操纵，如图 1-24 所示，把钥匙开关打到手动位置。

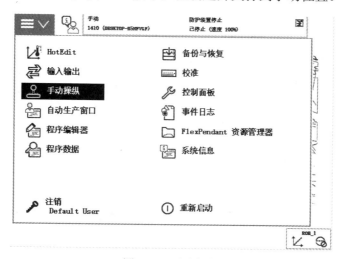

图 1-24　手动操纵

方法：

（1）单击 ABB。

（2）单击"手动操纵"。

第二步：选择动作模式，如图 1-25 和图 1-26 所示。

方法：

（1）单击"动作模式"。

（2）单击"轴 1—3"或者"轴 4—6"。

（3）单击"确定"按钮。

第三步：选择工具坐标，如图 1-25 和图 1-27 所示。

方法：

（1）单击"工具坐标"。

（2）单击工具坐标名称。

（3）单击"确定"按钮。

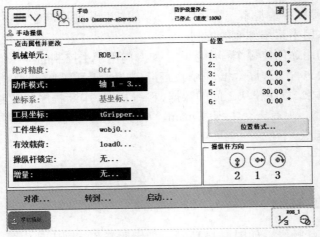

图 1-25　手动操纵界面

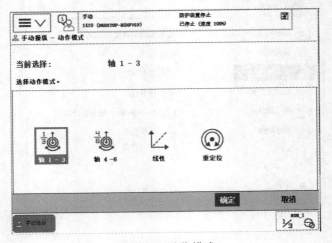

图 1-26　动作模式

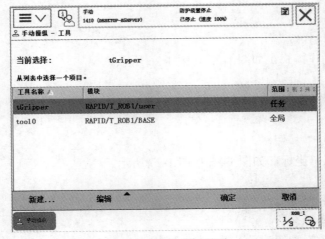

图 1-27　工具坐标界面

第四步：选择移动速度，如图 1-25 和图 1-28 所示。

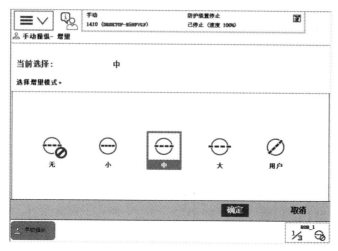

图 1-28　增量选择界面

方法：

（1）单击"增量"。

（2）单击"中"或者"小"。

（3）单击"确定"按钮。

第五步：手动移动机器人各轴到机械零点位置，如图 1-29 所示。

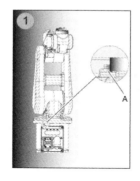
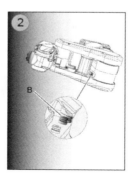
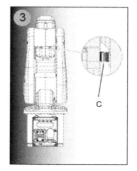
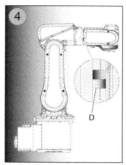
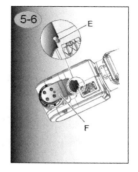

图 1-29　六轴零点位置

　　方法：此时图1-29中"操纵杆方向"处显示操纵杆移动方向与轴的对应关系。注意，如果先前选择了"轴1—3"，则：

　　（1）操纵杆上下移动为2轴动作。

　　（2）操纵杆左右移动为1轴动作。

　　（3）操纵杆顺/逆时针旋转为3轴动作。

　　如果先前选择了"轴4—6"，则：

　　（1）操纵杆上下移动为5轴动作。

　　（2）操纵杆左右移动为4轴动作。

　　（3）操纵杆顺/逆时针旋转为6轴动作。

　　左手持示教器，四指握住示教器使能开关（在示教器下方黑色胶皮里面），右手向唯一一个方向轻轻移动操纵杆，把各轴按顺序移动到各自机械绝对零点。

　　移动顺序依次为6轴→5轴→4轴→3轴→2轴→1轴，否则会使4、5、6轴升高以致于看不到零点位置。

　　第六步：更新转数计数器，如图1-30所示。

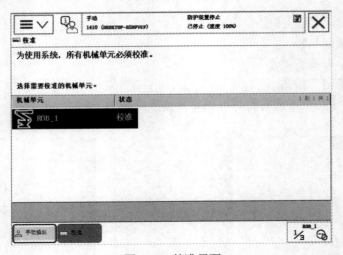

图1-30　校准界面

　　方法：

　　（1）单击ABB。

　　（2）单击"校准"。

　　（3）单击rob_1，如图1-31所示。

　　（4）单击"转数计数器"。

　　（5）单击"更新转数计数器"，会弹出一个警告界面，如图1-32所示。

　　（6）单击"是"按钮。

　　（7）点选"显示转数计数器未更新 所有轴"，显示转数计数器已更新的轴不用选择。

　　（8）单击"更新"按钮，会弹出一个警告界面。

　　（9）单击"更新"按钮，会弹出一个进度框，然后等待，最后显示更新以后的状态，如图1-33所示。

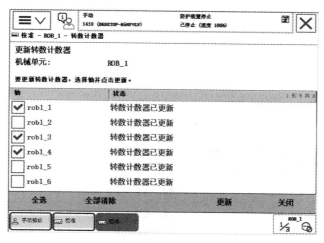

图 1-31　选中校准轴

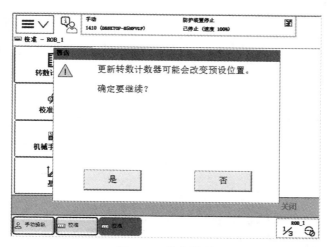

图 1-32　警告界面

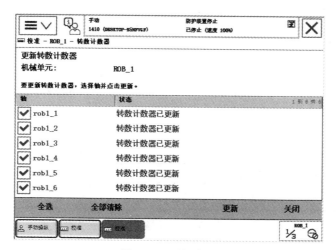

图 1-33　更新完毕

（10）单击"关闭"按钮，更新完毕。

2. 工具坐标、工件坐标、有效载荷的设置

（1）工具坐标的设置。

建立一个工具坐标，操作如下：

1）单击"手动操纵"，如图 1-34 所示。

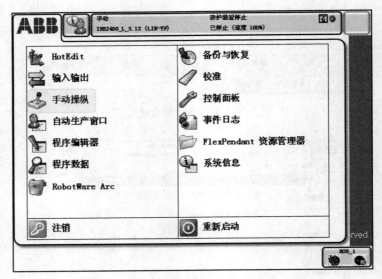

图 1-34　ABB 主菜单

2）单击"工具坐标"，如图 1-35 所示。

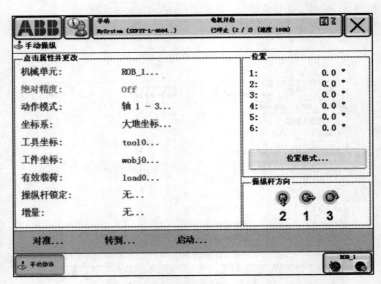

图 1-35　手动操纵界面

3）单击"新建"按钮，如图 1-36 所示。

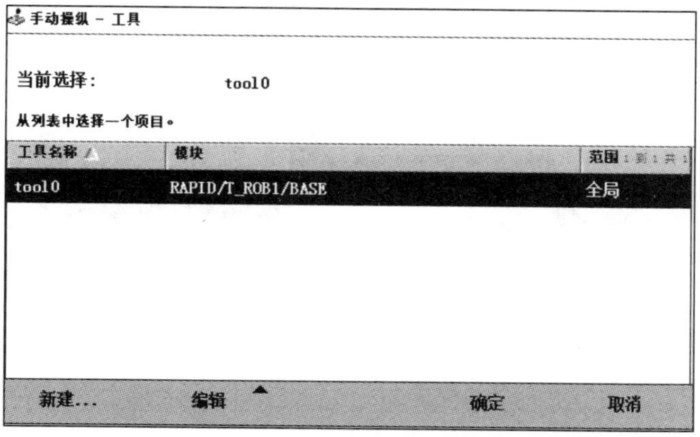

图 1-36　工具坐标界面

4）单击"确定"按钮，如图 1-37 所示。

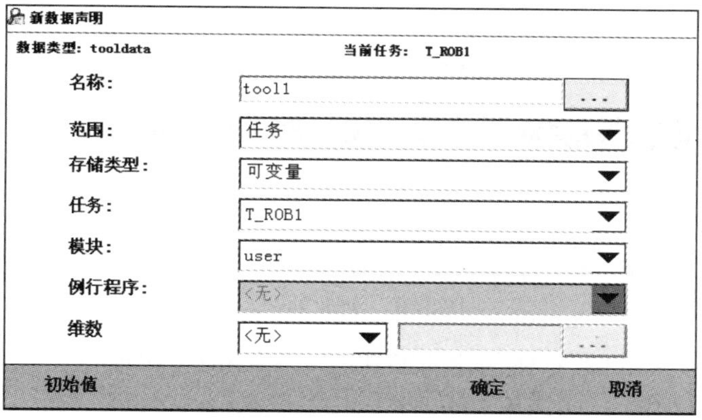

图 1-37　新建工具坐标参数

5）单击"定义"选项，如图 1-38 所示。

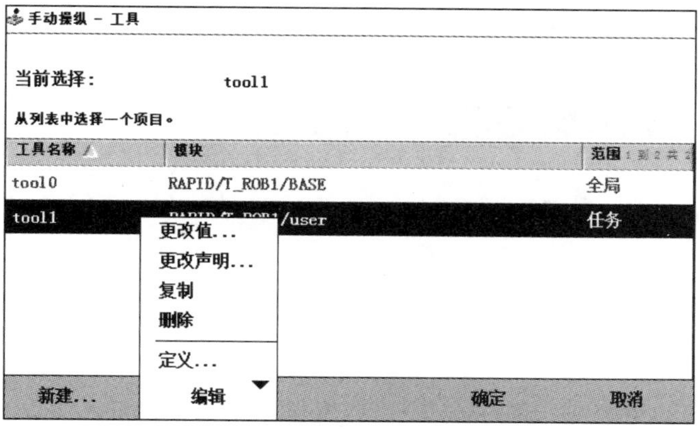

图 1-38　编辑菜单定义

6）单击"默认"，如图 1-39 所示。

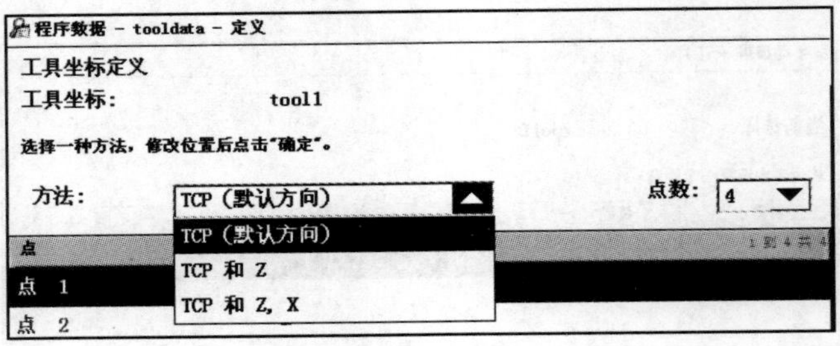

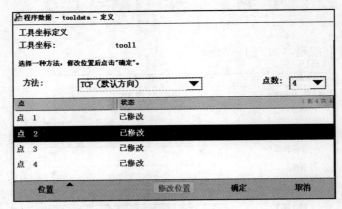

图 1-39　四点法

移动机器人的参考点，以四种不同的姿态去靠近固定的参考点，并且在每次靠近的同时记录点的位置，如图 1-40 所示。

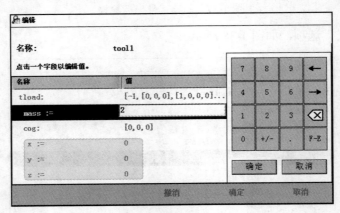

图 1-40　修改四个点

在创建工具坐标后，必须给所创建的工具定义质量 mass 和重心 cog，否则机器人会报错，该工作为非法工具，如图 1-41 所示。

图 1-41　修改两个参数

当遇到比较特别的情况时，如 TCP 点只在 tool0 的 Z 轴偏移，那么可以通过手动修改值的方法来创建工具坐标数据。

（2）工件坐标的设置。

1）单击"工件坐标"，如图 1-42 所示。

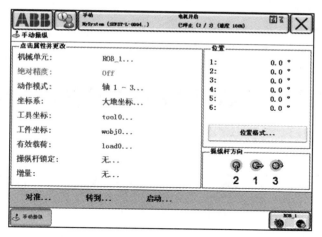

图 1-42　手动操纵界面

2）单击"新建"按钮，如图 1-43 所示。

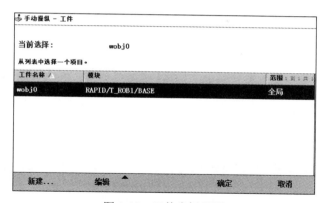

图 1-43　工件坐标界面

3）名称为默认后单击"确定"按钮，如图 1-44 所示。

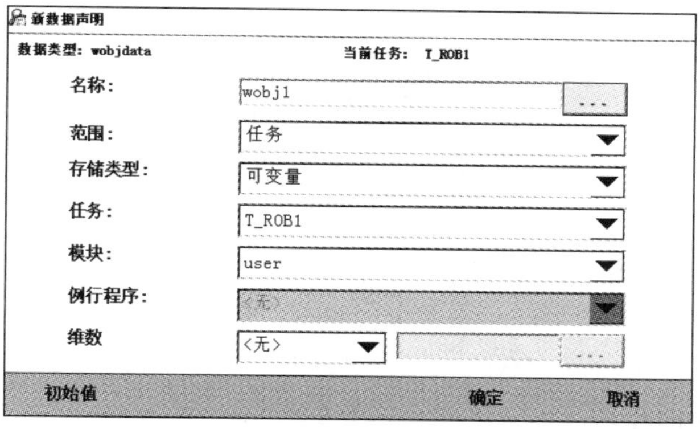

图 1-44　新建工件坐标参数

4）选择 wobj1 后单击"确定"按钮，如图 1-45 所示。

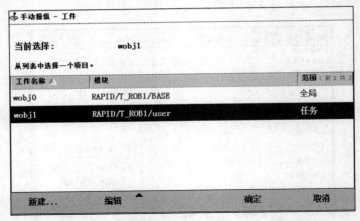

图 1-45　新建的工件坐标

5）在"用户方法"下拉列表框中选择"3 点"（如图 1-46 所示），然后进行示教。

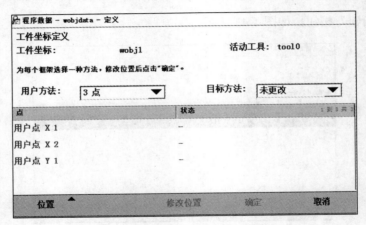

图 1-46　三点法定义工件坐标

X1 确定工件坐标的原点，X2 确定工件坐标 X 正方向，Y1 确定工件坐标 Y 正方向，如图 1-47 所示。

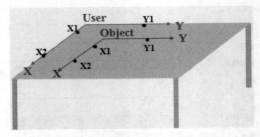

图 1-47　工件坐标的三个方向

（3）有效载荷的设置。

本工作站机器人的工作是搬运，所以机器人所使用的工具在抓取了工件后，它的重量和中心发生了变化，所以必须设置有效载荷 loaddata，告诉机器人抓取工件的基本信息。

单击 ABB 主菜单→"手动操纵"→"有效载荷"→"新建"按钮，更改名称后单击"确定"按钮，选中该新建载荷，单击"编辑"按钮，更改值：更改 mass（重量）和 cog（中心）两项即可，如图 1-48 所示。

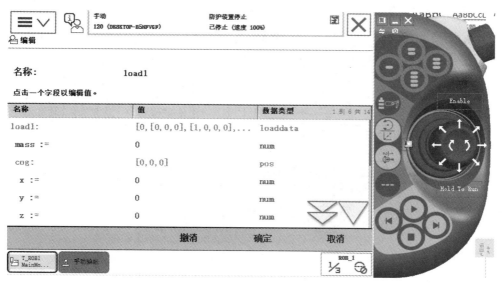

图 1-48 有效载荷参数

如果机器人不用于搬运，loaddata 设置为默认的 load0。

3. I/O 板与 I/O 信号的配置

（1）I/O 板的配置。

单击 ABB 主菜单→"控制面板"配置系统参数 DeviceNet Device，单击"添加"按钮，选中"模板"，修改 Address 选项，然后单击"确定"按钮。

一台机器人可以有多个 I/O 板连接到 DeviceNet 总线，为了让机器人识别，每一个 I/O 板都有一个在总线中的地址。

地址计算方法：把 X5 短租的第 6～12 号端子跳线帽中被剪去的引脚编号相加，即可得出该 I/O 板地址。

（2）I/O 信号的配置。

单击 ABB 主菜单→"控制面板"配置系统参数 Signal，单击"添加"按钮，设置 Name、Type of Signal、Assigned to Device 和 Category，然后单击"确定"按钮。

I/O 板上每一个 I/O 信号端子都有一个地址，目的也是为了让机器人识别每一个信号端子。

DSQC652 信号地址计算方法：X1、X2 为 DO 信号端子，X3、X4 为 DI 信号端子，每一个端子都有一个编号。X1、X3 端子的 1 号端子地址为 0，后面的依次加 1，也可以理解为端子的地址就是端子的编号减 1。

DSQC651 信号地址计算方法：X1 的 1 号端子地址为 32，后面的依次加 1，直到 39；X3 的 1 号端子地址为 0，后面的依次加 1，直到 7。

4. 编程调试

（1）程序的建立方法。

程序编辑器→新建模块→新建例行程序（初始化、子程序、中断程序、主程序）。

（2）例行程序中的指令添加，如图 1-49 所示。

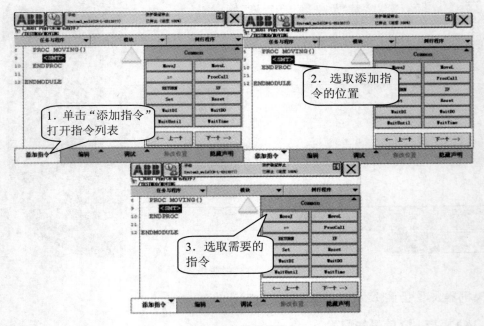

图 1-49　指令的添加

请同学们根据前面知识自己设计机器人的程序。

【技能实训】

IRB120 工业机器人的运行调试。

任务考核评分表

序号	考核内容	考核方式	考核标准	权重	成绩
1	机器人参数配置	实操	参数配置正确并能知道参数含义	30%	
2	机器人程序编写	实操	清楚掌握编程界面指令的运用正确	30%	
3	机器人调试	实操	机器人能按照要求正确地运行	40%	

【知识拓展】

例行程序的调用。

（1）程序指针。

程序指针（PP）指的是按 FlexPendant 上的"启动""步进"或"步退"按钮都可以启动

程序的指令。程序将从"程序指针"指令处继续执行。但是，如果程序停止时光标移至另一指令处，则"程序指针"可移至光标位置，程序执行也可从该处重新启动。"程序指针"在"程序编辑器"和"运行时窗口"中的程序代码左侧显示为黄色箭头。

（2）动作指针。

动作指针（MP）是机器人当前正在执行的指令。通常比"程序指针"落后一个或几个指令，因为系统执行和计算机器人路径比执行和计算机器人移动更快。"动作指针"在"程序编辑器"和"运行时窗口"中的程序代码左侧显示为小机器人。

（3）光标。

光标可表示一个完整的指令或一个变元。它在"程序编辑器"中的程序代码处以蓝色突出显示。

【思考与练习】

理论题

1．为什么要进行工件坐标的设置？
2．有效载荷设置的意义是什么？

实训题

熟练使用 RobotStudio 软件并仿真运动轨迹。

任务 3　搬运工作站 PLC 与触摸屏控制程序设计

【任务描述】

西门子 S7-1200PLC 是整个工作站的控制核心。它接收传感器及触摸屏的信号，经过逻辑运算输出控制信号，进而控制机器人和电动机的运行，从而完成整个工作站的任务。

触摸屏是人机交互界面，可以对工作站进行启动/停止，能对信号进行监控，可以修改参数等。MCGS 组态软件可以完成上述功能。

【任务分析】

对 PLC 来说，找到正确的输入信号，弄清楚各个信号之间的关系，加以正确的运算，输出控制信号去控制相应的执行机构，这是最重要的部分。

对重要的信号需要控制或监控，利用 MCGS 组态软件在触摸屏上显示。

【任务目标】

- 熟悉 1200 的编程环境。
- 掌握 1200 的编程指令及方法。
- 掌握 MCGS 组态技术。

【相关知识】

1. S7-1200编程简介

（1）模块化编程。

模块化编程将复杂的自动化任务划分为对应于生产过程的技术功能的较小的子任务，每个子任务对应于一个称为"块"的子程序，可以通过块与块之间的相互调用来组织程序。这样的程序易于修改、查错和调试。块结构显著增加了PLC程序的组织透明性、可理解性和易维护性。各种块的简要说明如表1-4所示。其中，OB、FB、FC都包含代码，统称为代码（Code）块。

表1-4 不同的程序块

块	简要描述
组织块（OB）	操作系统与用户程序的接口，决定用户程序的结构
系统功能块（SFB）	集成在CPU模块中，通过SFB调用一些重要的系统功能，有存储区
系统功能（SFC）	集成在CPU模块中，通过SFC调用一些重要的系统功能，无存储区
功能块（FB）	用户编写的包含经常使用的功能的子程序，有存储区
功能（FC）	用户编写的包含经常使用的功能的子程序，无存储区
背景数据块（DI）	调用FB和SFB时用于传递参数的数据块，在编译过程中自动生成数据
共享数据块（DB）	存储用户数据的数据区域，供所有的块共享

被调用的代码块又可以调用别的代码块，这种调用称为嵌套调用。CPU模块的手册给出了允许嵌套调用的层数，即嵌套深度。代码块的个数没有限制，但是受到存储器容量的限制。

在块调用中，调用者可以是各种代码块，被调用的块是OB之外的代码块。调用功能时需要为它指定一个背景数据块。

在图1-50中，OB1调用FB1，FB1调用FC1，应按下面的顺序创建块：FC1→FB1及其背景数据块→OB1，即编程时被调用的块应该是已经存在的。

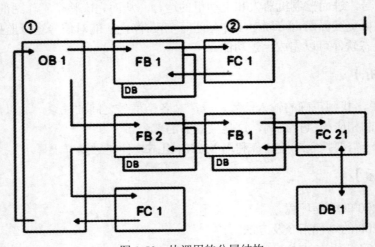

图1-50 块调用的分层结构

1）组织块。

组织块（Organization Block，OB）是操作系统与用户程序的接口，由操作系统调用，用于控制循环扫描和中断程序的执行、PLC 的启动和错误处理等。组织块的程序是用户编写的。

每个组织块必须有唯一的 OB 编号，200 之前的某些编号是保留的，其他 OB 的编号应大于等于 200。CPU 特定的事件触发组织块的执行，OB 不能相互调用，也不能被 FC 和 FB 调用。只有启动事件（例如诊断中断事件或周期性中断事件），相应的 OB 才会被执行。

①程序循环组织块（Program cycle OB）。OB1 是用户程序中的主程序，CPU 循环执行操作系统程序，在每一次循环中，操作系统调用一次 OB1。因此 OB1 中的程序也是循环执行的。允许有多个程序循环 OB，默认的是 OB1，其他程序循环 OB 的编号应大于等于 200。

②启动组织块（Startup OB）。当 CPU 的工作模式由 STOP 切换到 RUN 时，执行一次启动（Startup）组织块来初始化程序循环 OB 中的某些变量。执行完启动 OB 后，开始执行程序循环 OB。可以有多个启动 OB，默认的为 OB100，其他启动 OB 的编号应大于等于 200。

③中断组织块（Interrupt OB）。中断组织块用来实现对特殊内部事件或外部事件的快速响应。如果没有中断事件出现，CPU 循环执行组织块 OB1。如果出现中断事件，例如诊断中断和时间延迟中断等，因为 OB1 的中断优先级最低，操作系统在执行完当前程序的当前指令（即断点处）后会立即响应中断。CPU 暂停正在执行的程序块，自动调用一个分配给该事件的组织块（即中断程序）来处理中断事件。执行完中断组织块后，返回被中断的程序的断点处继续执行原来的程序。

这意味着部分用户程序不必在每次循环中处理，而是在需要时才被及时处理。处理中断事件的程序放在该事件驱动的 OB 中。

2）功能。

功能（Function，FC）是用户程序编写的子程序，它包含完成特定任务的代码和参数。FC 和 FB 有与调用它的块共享的输入参数和输出参数。执行完 FC 和 FB 后，返回调用它的代码块。

功能是快速执行的代码块，用于执行下列任务：

● 完成标准的和可重复使用的操作，例如算术运算。

● 完成技术功能，例如使用位逻辑运算的控制。

可以在程序的不同位置多次调用同一个 FC，这可以简化重复执行的任务的编程。功能没有固定的存储区，功能执行结束后，其临时变量中的数据就丢失了。可以用全局数据块或 M 存储区来存储那些在功能结束后需要保存的数据。

3）功能块。

功能块（Function Block，FB）是用户程序编写的子程序。调用功能块时，需要指定背景数据块，它是功能块专用的存储区。CPU 执行 FB 中的程序代码，将块的输入参数、输出参数和局部静态变量保存在背景数据块中，以便可以从一个扫描周期到下一个扫描周期快速访问它们。FB 的典型应用是执行不能在一个扫描周期结束的操作。在调用 FB 时，打开了对应的背景数据块，后者的变量可以供其他代码块使用。

调用同一个功能块时，使用不同的背景数据块可以控制不同的设备。例如用来控制水泵和阀门的功能使用包含特定操作参数的不同的背景数据块，可以控制不同的水泵和阀门。

S7-1200 的部分指令（例如 IEC 标准的定时器和计数器指令）实际上是功能块，在调用它们时需要指定配套的背景数据块。

4）数据块。

数据块（Data Block，DB）是用于存放执行代码块时所需的数据的数据区。有两种类型的数据块：

- 全局（Global）数据块：存储供所有代码块使用的数据，所有的 OB、FB 和 FC 都可以访问。
- 背景数据块：存储供特定 FB 使用的数据。

（2）初步掌握 S7-1200 的编程指令。

如图 1-51 所示为基本指令界面，打开"程序块"→Main→"指令"→"基本指令"。熟悉一下本指令，可以按 F1 键打开帮助，进行详细了解。

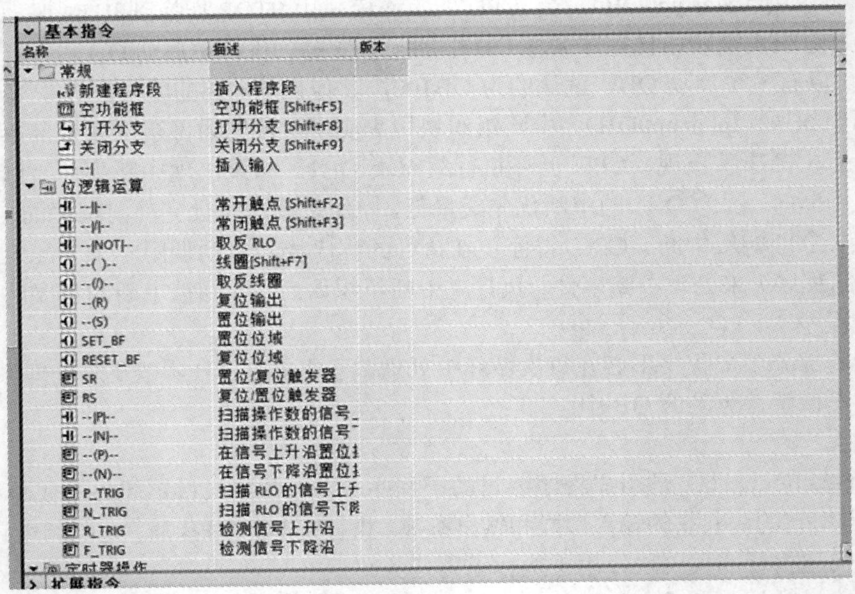

图 1-51　基本指令

2. MM420 变频器

变频器 MM420 系列（MicroMaster420）是德国西门子公司广泛应用于工业场合的多功能标准变频器。它采用高性能的矢量控制技术，提供低速高转矩输出和良好的动态特性，同时具备超强的过载能力，以满足广泛的应用场合。

利用变频器的操作面板和相关参数设置即可实现对变频器的某些基本操作如正反转、点动等的运行。

（1）变频器的面板操作方法。

MM420 在默认设置时，用 BOP 控制电动机的功能是被禁止的。如果要用 BOP 进行控制，参数 P0700 应设置为 1，参数 P1000 也应设置为 1。用基本操作面板（BOP）可以修改任何一个参数。修改参数的数值时，BOP 有时会显示"busy'"，表明变频器正忙于处理优先级更高的任务。下面就以设置 P1000=1 的过程为例来介绍通过基本操作面板（BOP）修改设置参数的流程，如表 1-5 所示。

表 1-5 基本操作面板（BOP）修改设置参数的流程

操作步骤	显示的结果
1 按■访问参数	r0000
2 按■直到显示出 P0719	P0719
3 按■进入参数数值访问级	in000
4 按■显示当前的设置值	0
5 按■或■选择运行所需要的最大频率	12
6 按■确认和存储 P0719 的设置值	P0719
7 按■直到显示出 r0000	r0000

（2）变频器的功能参数设置。

设置 P0010=30 和 P0970=1，按 P 键，开始复位，复位过程大约 3 分钟，这样就可保证变频器的参数恢复到工厂默认值。

为了使电动机与变频器相匹配，需要设置电动机参数。电动机参数设置如表 1-6 所示。电动机参数设置完成后，设 P0010=0，变频器当前处于准备状态，可正常运行。

表 1-6 电动机参数设置

参数号	出厂值	设置值	说明
P0003	1	1	设置用户访问为标准级
P0010	0	1	快速调试
P0100	0	0	功率以 kW 表示，频率为 50Hz
P0304	230	380	电功机额定电压（V）
P0305	3.25	0.22	电动机额定电流（A）
P0307	0.75	0.04	电动机额定功率（kW）
P0310	50	50	电动机额定频率（Hz）
P0311	0	1300	电动机额定转速（r/min）

设置面板基本操作控制参数，如表 1-7 所示。

表 1-7 面板基本操作控制参数

参数号	出厂值	设置值	说明
P0003	1	1	设用户访问级为标准级
P0010	0	0	正确地进行运行命令的初始化
P0004	0	7	命令和数字 I/O
P0700	2	1	由键盘输入设置值（选择命令源）
P0004	0	10	设置值通道和斜坡函数发生器

续表

参数号	出厂值	设置值	说明
P1000	2	1	由键盘（电动电位计）输入设置值
P1080	0	0	电动机运行的最低频率（Hz）
P1082	50	50	电动机运行的最高频率（Hz）
P0003	1	2	设用户访问级为扩展级
P0004	0	10	设置值通道和斜坡函数发生器
P1040	5	20	设置键盘控制的频率值（Hz）
P1058	5	10	正向点动频率（Hz）
P1059	5	10	反向点动频率（Hz）
P1060	10	5	点动斜坡上升时间（s）
P1061	10	5	点动斜坡下降时间（s）

（3）变频器面板上的按钮功能简介（如表 1-8 所示）。

表 1-8　基本操作面板（BOP）上的按钮

显示/按钮	功能	说明
`r0000`	状态显示	LCD 显示变频器当前的设置值
（I）	启动变频器	按此键启动变频器。默认值运行时此键是被封锁的。为了使此键的操作有效，应设置 P0700 = 1
（0）	停止变频器	OFF1：按此键，变频器将按选定的斜坡下降速率减速停车。默认值运行时此键被封锁；为了允许此键操作，应设置 P0700 = 1 OFF2：按此键两次（或一次，但时间较长）电动机将在惯性作用下自由停车。此功能总是"使能"的
（⟲）	改变电动机的转动方向	按此键可以改变电动机的转动方向。电动机的反向用负号（-）表示或用闪烁的小数点表示。默认值运行时此键是被封锁的。为了使此键的操作有效，应设置 P0700 = 1
（jog）	电动机点动	在变频器无输出的情况下按此键，将使电动机启动，并按预设置的点动频率运行。释放此键时变频器停车。如果变频器/电动机正在运行，按此键将不起作用
（Fn）	功能	此键用于浏览辅助信息 变频器运行过程中，在显示任何一个参数时按下此键并保持不动 2 秒钟，将显示以下参数值（在变频器运行中，从任何一个参数开始）： 1. 直流回路电压（用 d 表示，单位：V） 2. 输出电源（A） 3. 输出频率（Hz） 4. 输出电压（用 o 表示，单位：V） 5. 由 P0005 选定的数值，如果 P0005 选择显示上述参数中的任何一个（3、4 或 5），这里将不再显示 连续多次按下此键，将轮流显示以上参数

续表

显示/按钮	功能	功能的说明
（Fn）	功能	跳转功能 在显示任何一个参数（r××××或 P××××）时短时间按下此键，将立即跳转到 r0000，如果需要的话，您可以接着修改其他的参数。跳转到 r0000 后，按此键将返回原来的显示点
（P）	访问参数	按此键即可访问参数
（▲）	增加数值	按此键即可增加面板上显示的参数数值
（▼）	减少数值	按此键即可减少面板上显示的参数数值

3. MCGS 组态画面

组态画面分为启动画面、主画面、监控画面。启动画面为提示内容，主画面主要用来操作使用，监控画面可以对设备进行监控，参数设置用来对程序的一些数据进行修改，如图 1-52 至图 1-54 所示。

图 1-52　组态画面

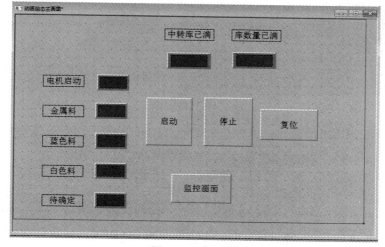

图 1-53　主画面

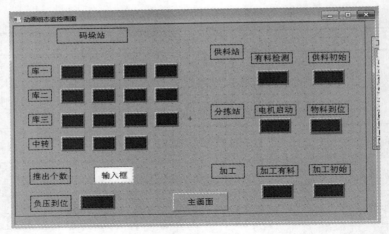

图 1-54　监控画面

【任务示范】

1. S7-1200 编程

（1）打开设备 PLC 界面。

1）单击工作站 PLC 程序，打开开始界面，如图 1-55 所示。

图 1-55　开始界面

2）单击右侧的"打开"按钮，出现如图 1-56 所示的界面。

3）单击"组态设备"，出现如图 1-57 所示的界面。

（2）初步掌握 S7-1200 的硬件组态环境。

单击"PLC 设备"下面的图标 PLC_1，出现如图 1-58 所示的界面，这是整个设备的组态图。我们所用的 PLC 是西门子 1200 CPU1215C，订货号是 6ES7 215-1AG31-0XB0。

扩展模块是西门子 1200 SM1223DI16X24VDC,DQ16XREY，订货号是 6ES7 223-1PL30-0XB0。

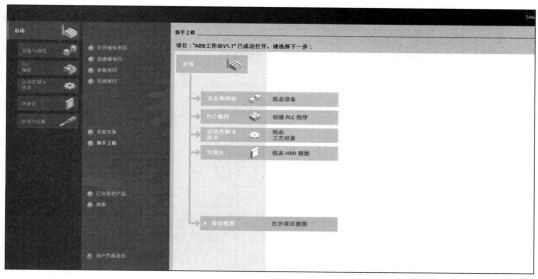

图 1-56　选择打开内容

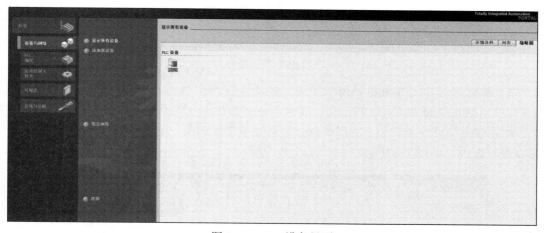

图 1-57　PLC 设备界面

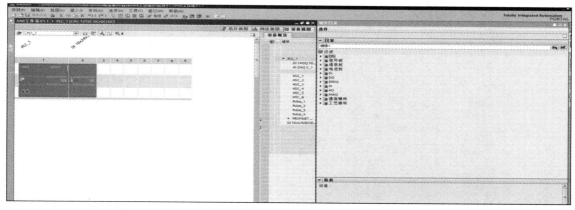

图 1-58　组态界面

　　我们的 CPU 组态在控制器 SIMATICS7-1200-CPU 下找到 CPU1215C，然后选定一样的订货号，我们的扩展模块组态在控制器-SIMATICS7-1200-DI/DO 下找到 DI16X24VDC，DQ16XREY，然后选定一样的订货号，这样我们的硬件组态就完成了，如图 1-59 所示。

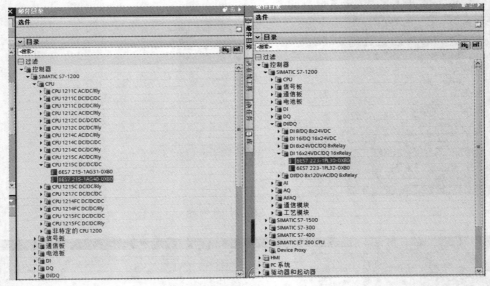

图 1-59　组态选择

　　（3）能够进行 S7-1200I/O 地址以及通讯地址设置。

　　1）单击组态中的 PLC-1，然后在"属性"→"常规"→"系统和时钟存储器"界面中勾选"启用系统存储器字节"和"启用时钟存储器字节"复选项，地址为默认即可，在编程中我们可以进行使用，如图 1-60 所示。

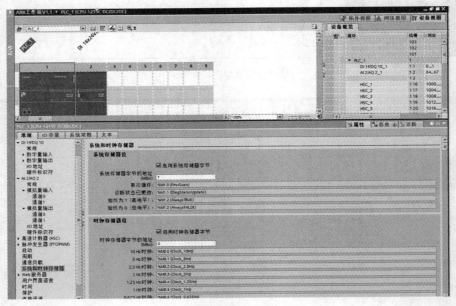

图 1-60　时钟界面

2）单击组态中的 DI16X24VDC,DQ16XREY，然后在"属性"→"常规"中的"I/O 地址"区域把"输入地址"的"起始地址"改为 2，"输出地址"的"起始地址"改为 2，如图 1-61 所示。

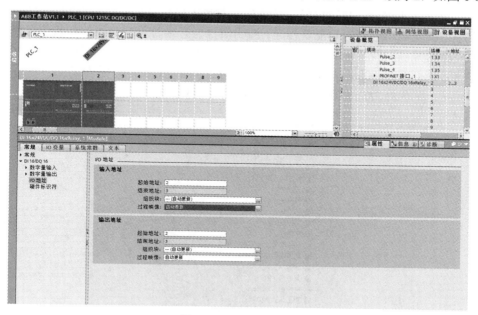

图 1-61　I/O 地址修改

3）单击组态中的 PLC-1，然后在"属性"→"常规"中的"PROFINET 接口"区域把 IP 地址改为 192.168.8.1，这是为了和触摸屏进行通讯而设置的，如图 1-62 所示。

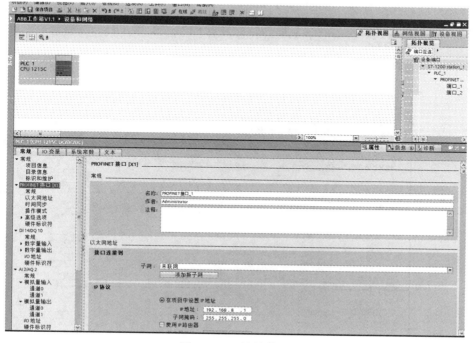

图 1-62　IP 地址修改

（4）对设备总体编程界面进行了解。

1）在设备框的程序块中可以看到我们所建立的功能块和主程序组织块。主程序组织块为Main，功能块有初始信号、反馈信号、分拣站、复位、供料站、监控画面和三色灯。

主程序组织块调用所有的功能块程序；初始信号为开始时需要检测的初始信号；反馈信号为所有需要检测并且需要反馈到机器人上的信号；分拣站为分拣物料程序；复位为触摸屏复位时对所有信号进行复位；供料站为供料站的所有动作子程序；监控画面为在触摸屏上能监控到的信号和数据；三色灯为三色灯的控制程序，如图1-63所示。

图 1-63　程序块设置

2）为主程序调用功能块，如图1-64所示。

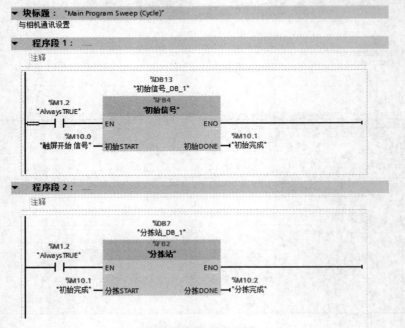

图 1-64　主程序界面

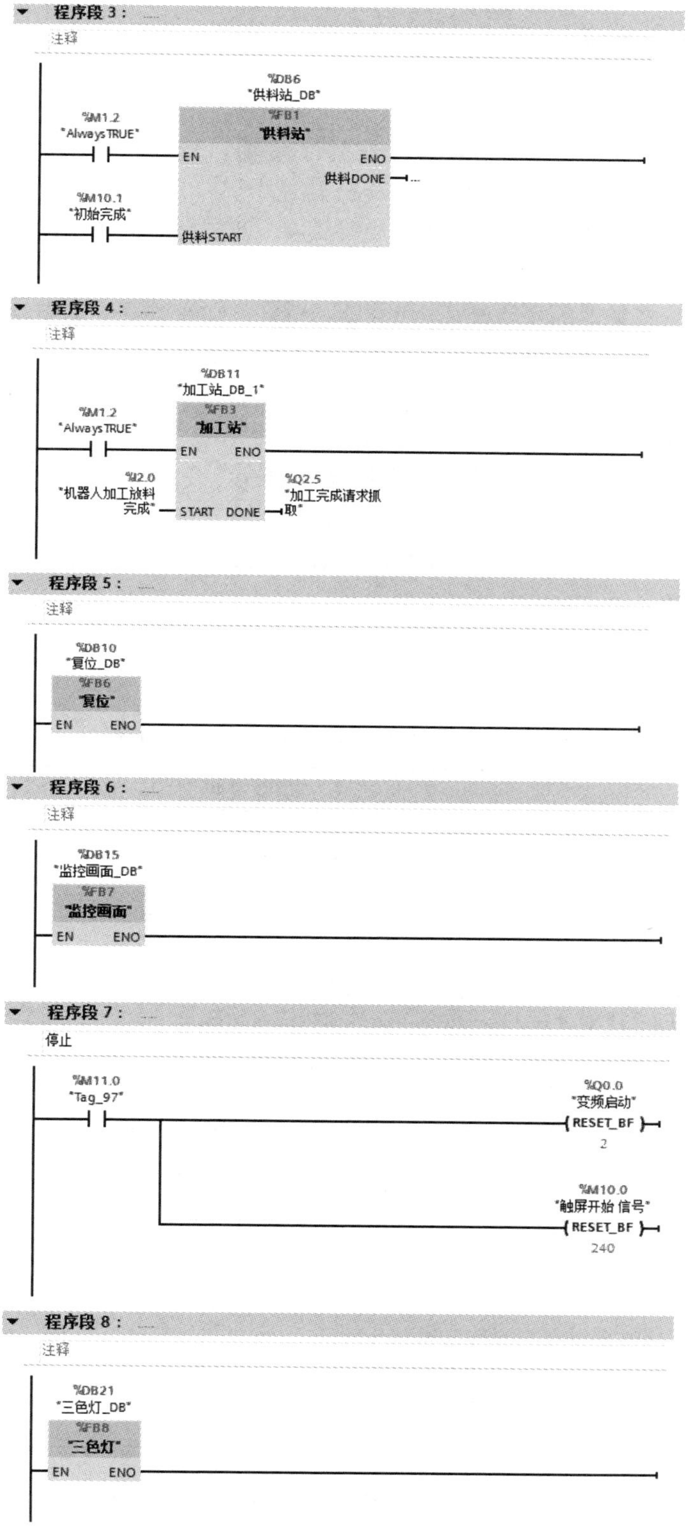

程序段 3：
注释

%M1.2
"AlwaysTRUE"

%M10.1
"初始完成"

%DB6
"供料站_DB"
%FB1
"供料站"
EN　　　ENO
供料DONE
供料START

程序段 4：
注释

%M1.2
"AlwaysTRUE"

%I2.0
"机器人加工放料
完成"

%DB11
"加工站_DB_1"
%FB3
"加工站"
EN　　ENO
START DONE

%Q2.5
"加工完成请求抓
取"

程序段 5：
注释

%DB10
"复位_DB"
%FB6
"复位"
EN　　ENO

程序段 6：
注释

%DB815
"监控画面_DB"
%FB7
"监控画面"
EN　　ENO

程序段 7：
停止

%M11.0
"Tag_97"

%Q0.0
"变频启动"
RESET_BF
2

%M10.0
"触屏开始 信号"
RESET_BF
240

程序段 8：
注释

%DB21
"三色灯_DB"
%FB8
"三色灯"
EN　　ENO

图 1-64　主程序界面（续图）

2．MM420 变频器操作与参数设置

（1）变频器操作方法。

变频器启动：在变频器的前操作面板上按运行键█，变频器将驱动电动机升速，并运行在由 P1040 所设置的 20Hz 频率对应的 560r/min 转速上。

正反转及加减速运行：电动机的转速（运行频率）及旋转方向可直接通过前操作面板上的增加键/减少键▲/▼来改变。

点动运行：按下变频器前操作画板上的点动键█，则变频器驱动电动机升速，并运行在由 P1058 所设置的正向点动 10Hz 频率值上。当松开变频器前操作面板上的点动键时变频器将驱动电动机降速至零。这时，如果按下变频器前操作面板上的换向键，再重复上述的点动运行操作，则电动机可在变频器的驱动下反向点动运行。

电动机停车：在变频器的前操作面板上按停止键█，变频器将驱动电动机降速到零。

（2）参数设置。

MM420 变频器的数字输入端口（D1N1～D1N3，即端口 5～7）的功能很多，用户可根据需要进行设置。参数号 P0701～P0703 与端口数字输入 1 功能至数字输入 3 功能对应，每一个数字输入功能的参数值范围均为 0～99，出厂默认值均为 1。表 1-9 列出了几个常用的参数值及其含义。

表 1-9　MM420 变频器的数字输入端口设置

参数值	功能说明
0	禁止数字输入
1	ON/OFF1（接通正转、停车命令 1）
2	ON/OFF1（接通反转、停车命令 1）
3	OFF2（停车命令 2），按惯性自由停车
4	OFF3（停车命令 3），按斜坡函数曲线快速降速
9	故障确认
10	正向点动
11	反向点动
12	反转
13	MOP（电动电位计）升速（增加频率）
14	MOP 降速（减少频率）
15	固定频率设定值（直接选择）
16	固定频率设定值（直接选择+ON 命令）
17	固定频率设定值（二进制编码选择+ON 命令）

MM420 变频器输入端子的操作控制参数如表 1-10 所示，通过参数设置可以确定哪个端子来做哪种控制。

表 1-10　外部控制参数

参数号	出厂值	设置值	说明
P0003	1	1	设用户访问级为标准级
P0004	0	7	命令和数字 I/O
P0700	2	2	命令源选择"由端子排输入"
P0003	1	2	设用户访问级为扩展级
P0004	0	7	命令和数字 I/O
P701	1	16	固定频率设定值（直接选择+ON 命令）
P1000	2	3	固定频率
P1001	1	-20	设定频率
P1080	0	0	电动机运行的最低频率（Hz）
P1082	50	50	电动机运行的最高频率（Hz）

（3）MM420 变频器的运行操作过程。

用 PLC 控制输出 Q0.0 来接通变频器上的 DIN1，即第五个端子，我们可以控制它的启动和停止，改变 P1001 的频率可以看到变频器会随着它的改变而改变。外部接线图如图 1-65 所示。

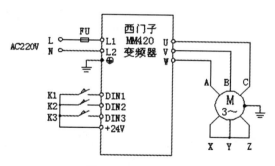

图 1-65　外部接线图

3. MCGS 组态的实现

（1）按钮变量的连接。

在"工具箱"里找到"按钮"，然后放到窗口界面中，打开"操作属性"对话框（如图 1-66 所示），在"抬起功能"选项卡中勾选"数据对象值操作"复选项，在下拉列表框中选择"按 1 松 0"，然后单击 ? 按钮，弹出"变量选择"对话框，如图 1-67 所示，"变量选择方式"设置为"根据采集信息生成"，"选择通讯端口"和"选择采集设备"为默认值，"通道类型"设置为"M 内存继电器"，"通道地址"和"数据类型"根据在 PLC 中定义的进行选择。

（2）指示灯变量的连接。

在"工具箱"里找到"对象元件库管理"，然后找到"指示灯 6"放到窗口界面中（如图 1-68 所示），打开"单元属性设置"对话框（如图 1-69 所示），单击"动画连接"选项卡中的 > 按钮，通过"表达式"文本框右侧的 ? 按钮可以连接需要的变量，在"填充颜色连接"区域中可以确定分段点的显示颜色，如图 1-70 所示。

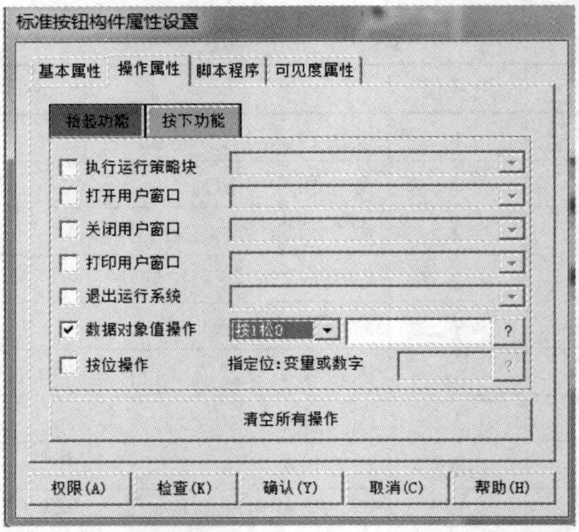

图 1-66 按钮属性

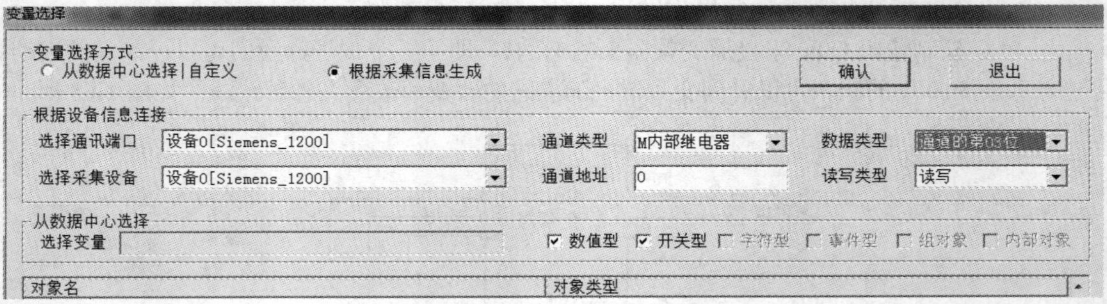

图 1-67 "变量选择"对话框

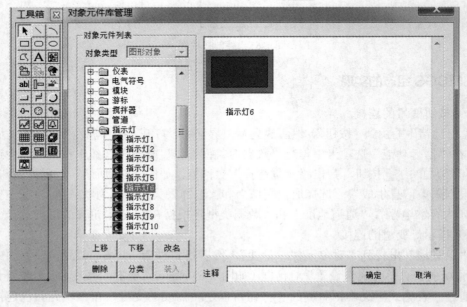

图 1-68 对象元件库

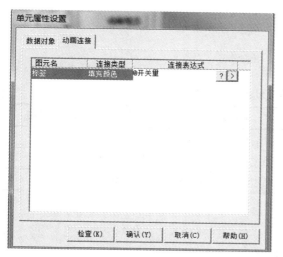

图 1-69　单元属性设置

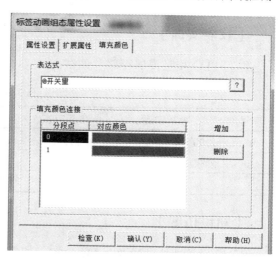

图 1-70　分段点颜色

4. 组态程序

触摸屏的主画面如图 1-71 所示。

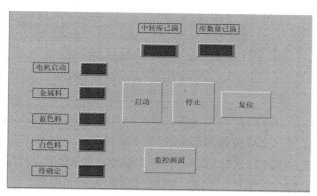

图 1-71　主画面

触摸屏的监控画面如图 1-72 所示。

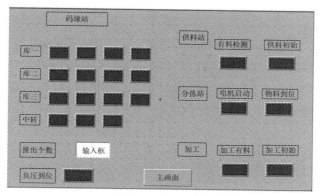

图 1-72　监控画面

【技能实训】

编写 PLC 和触摸屏程序并调试。

任务考核评分表

序号	考核内容	考核方式	考核标准	权重	成绩
1	1200PLC 编程	实操	正确运用指令并调试正确	40%	
2	触摸屏程序的编写	实操	掌握 MCGS 组态软件的用法	30%	
3	变频器参数设置	实操	按照要求正确进行参数配置	30%	

【知识拓展】

S7-1200 简单编程实例，I/O 分配，如表 1-11 所示。

表 1-11   I/O 分配

输入	注释	输出	注释
I0.6	加工站推出到位	Q0.2	加工推出电磁阀
I0.7	加工站退回到位	Q0.3	加工夹紧电磁阀
I1.0	加工站夹紧到位	Q0.4	加工冲压电磁阀
I1.1	加工站夹紧气缸松开到位		
I1.2	加工站冲压到位		
I1.3	加工站冲压气缸退回到位		
I1.4	加工站有料		

可以新建一个空程序，这里以设备的动作程序为例进行讲解。

学生操作时，可以在触摸屏上加一个"开始"按钮，即 M40.1。下面是整个流程，如果时间有限，可以只写一个动作的循环。比如，只写气缸的夹紧和松开。

（1）在有料时如果 M40.1 有信号，并且所有气缸都处于初始状态，则可以执行夹紧电磁阀的动作，也就是夹紧气缸的动作，如图 1-73 所示。

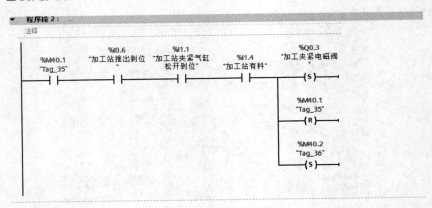

图 1-73   夹紧气缸夹紧

（2）推出电磁阀有信号，也就是推出气缸退回，如图 1-74 所示。

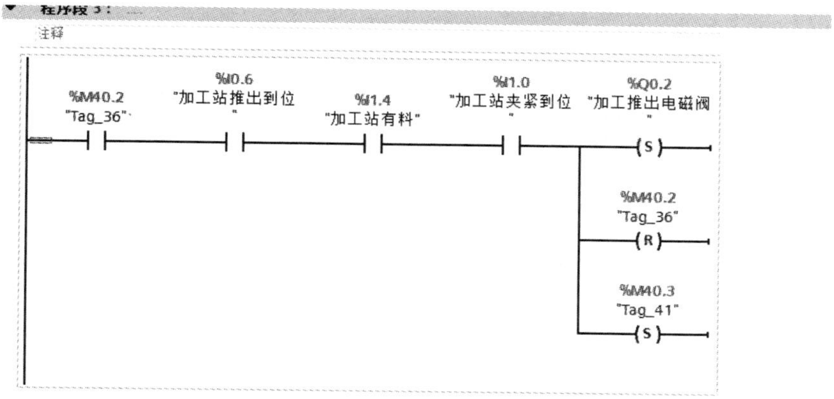

图 1-74　推出气缸退回

（3）气缸退回后进行冲压，如图 1-75 所示。

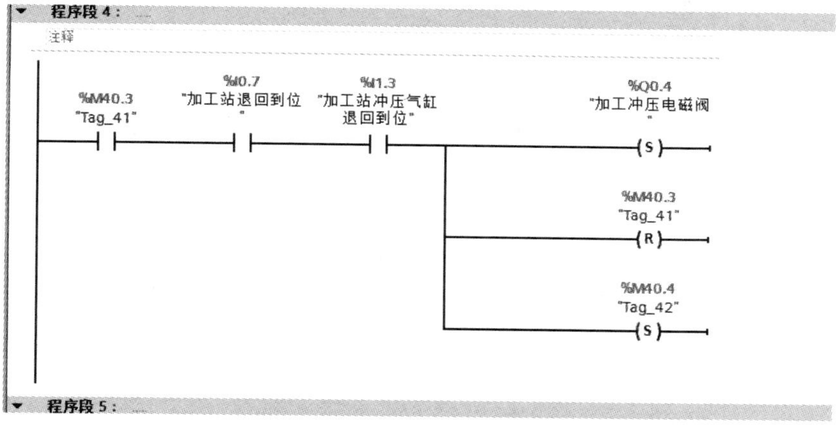

图 1-75　冲压气缸冲压

（4）冲压气缸冲压后进行返回，如图 1-76 所示。

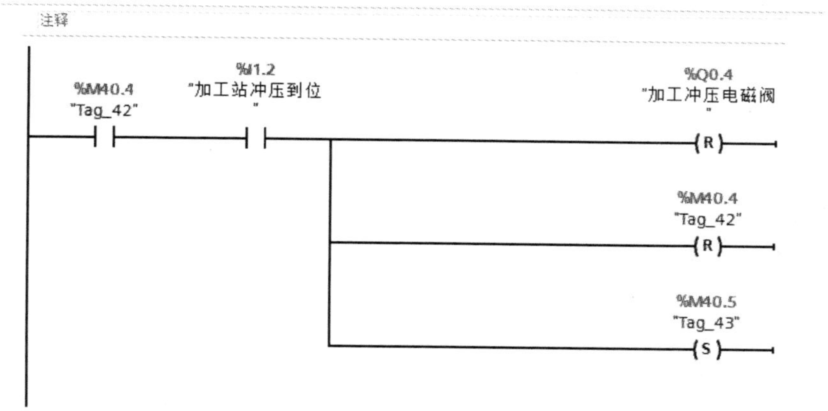

图 1-76　冲压气缸返回

（5）气缸返回后推出气缸推出，如图 1-77 所示。

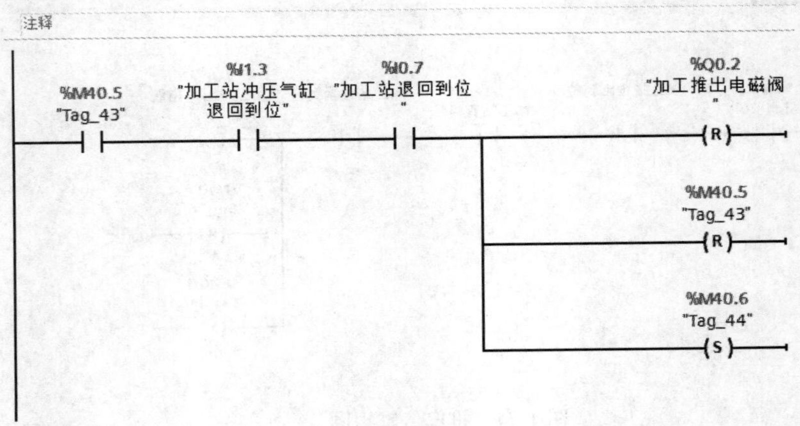

图 1-77　推出气缸推出

（6）推出气缸推出后夹紧气缸松开，如图 1-78 所示，至此一个循环完成。

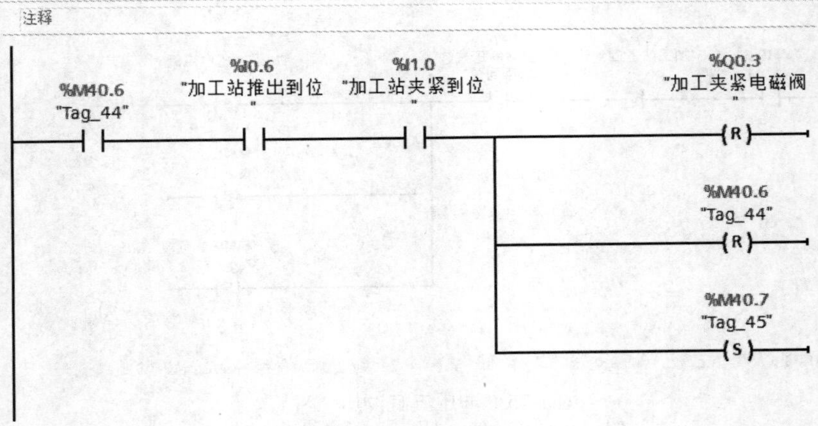

图 1-78　夹紧气缸松开

【思考与练习】

理论题

1. PLC 在工作站中的作用是什么？
2. MM420 变频器显示按钮各有什么作用？
3. 组态与 PLC 是怎么连接的？

实训题

1. 调试 PLC 完整程序。
2. 正确设置 MM420 参数。

任务 4　工业机器人搬运工作站系统运行调试

【任务描述】

本工作站包括 ABB 工业机器人、西门子 1200PLC、MM420 变频器、昆仑通态触摸屏等重要部分，这些部分相互联系，共同完成工作站的所有任务。

【任务分析】

设备的正确启动、工作站的运行顺序以及各设备间的相互通信等是本任务的重点内容。

【任务目标】

- 掌握工作站的运行顺序和启动方法。
- 掌握各设备之间的通信。

【相关知识】

本工业机器人搬运实训系统采用 ABB 工业机器人、西门子 1200PLC、MM420 变频器、昆仑通态触摸屏作为重要组成部分，具有集成度高、使用普遍、平稳、可靠、节能和不污染环境等优点，从而被广泛应用。

工业机器人搬运实训系统作为教学和实践的辅助工具，包含工业机器人、供料单元、分拣单元、加工单元、仓储单元和中转单元，可以每单元进行了解，进行单独编程，又可以连续起来进行动作，这样可以使学生逐渐了解整个实训系统的内容。

本实训系统针对机器人工业中搬运应用的真实场景，包含 PLC、变频器、触摸屏、传感器等电气元件，不仅可以学习工业机器人，还可以对其他单元进行了解，比较系统地了解其在工业实际中的应用。

【任务示范】

1. 设备上电

设备通电前，检查电源线是否完好，插头连接处是否安全，开关按钮处于断开状态。在确保上述正常的情况下给设备上电。

2. 上电后状态

启动之前，检查仓储单元是否有物料。设备通电状态下，电源指示灯亮，触摸屏开启，三色指示灯有一个灯亮。

3. 启动设备

在触摸屏上按下"启动"按钮，设备开始工作。上电后，操作设备时，请勿将身体部位靠近机器人，以免对身体造成伤害。

在启动或遇到故障时，在机器人停止或动作停止时，不能直接靠近去检查，需要按下"停止"按钮后再检查。

4. 设备运行

出料单元开始向传送单元输送工件，当工件输送到位后，机器人将工件送入冲压区进行模拟冲压动作，等待冲压结束，机器人将按照颜色将工件放在存储区的不同层上，对于超出存储范围的工件则将其存放在中转区域，周而复始。

5. 停止

按下"停止"按钮，设备将停止运行，在触屏上操作时，电机复位后一定要把库上的物料都清除掉。

6. 紧急停止

设备运行期间，一定要有人在现场观察，出现碰撞或者其他紧急情况，一定要按"急停"键。

【技能实训】

机器人搬运系统的整体调试。

任务考核评分表

序号	考核内容	考核方式	考核标准	权重	成绩
1	设备的运行顺序	实操	正确运行设备	30%	
2	各单元的正常运行	实操	每个单元正常工作	30%	
3	各单元之间的通信	实操	通信正常	40%	

【知识拓展】

1. 工业机器人搬运实训系统保养检查

（1）机器人。

检查电机运动状况：手动操作，机器人没有报警，观察机器人运行是否正常，电机运行是否稳定。

检查机器人控制器上的接线是否牢固。

（2）实训系统。

检查气动元件的密封性：手动测试气缸的动作，检查是否漏气，记录气泵的气压差值。

检查电磁阀：电磁阀运行时，检查是否正常运行，检查是否漏气。

检查气缸的工作性能：检查气缸的行程是否标准，气缸是否漏气。

检查每个气缸传感器是否到位：在气缸加紧松开或伸出缩回时，检查气缸上的传感器是否有信号，如果没有，就要手动调试好。

检查机器人位置：实验结束，机器人是否在原点位置，如果不在就要手动回到原点位置，这样可以方便下次上电启动。

（3）保养说明。

各设备除维护避免发生故障外，还需要进行日常保养，如长时间不使用，需要将旋钮开关处于关闭状态，并用防护装置如塑料布等罩住各设备。如有灰尘，则清洁实训台，并注意不要有损坏。

对实训台内部，有电气元件和机器人控制柜，要注意通风，避免过热。

调试时，注意机器人的速度不要过快。

电源线摆放时避免划伤，造成运行不正常。

避免工业机器人搬运实训系统所处环境温度变化过大。

对外露的螺钉，定期检查是否松动，以防止机器人运行失控与损坏。

2．工业机器人搬运实训系统常见故障

（1）电磁阀损坏。

当通电控制时，电磁阀会发出咔的声响，表示正常。拔出出口气管检查压缩空气是否流出，流出为正常，不流出无声音代表损坏，用户可按照相同型号购买即可。

（2）气管是否被压住。

为了试验，经常无法顾及气管是否被外物或设备自身零件压住，造成气路不通，一时间又很难找到原因，所以应该注意到。

（3）气泵损坏。

同前面介绍的一样，气泵损坏大多数情况都是过热损坏，所以无需应用时要注意关闭。

（4）吸盘是否损坏。

使用过程中应防止碰撞，以免造成吸盘损坏，难以伸缩自如。

（5）气缸供气不足。

检查是否有漏气发生，因为一套气动系统有很多辅件，包括各种快插接头等，如果接头没有拧紧，则会发生漏气，造成气压不足，无法实现运动，或者机节流调速阀过紧。

（6）运行有杂声。

观察电机运行时是否有杂声，皮带是否过紧或过松，电机与轴连接处是否水平。

（7）机器人不能运行。

检查急停开关是否按下，手动时，需要手动操作示教器运动；自动时，需要单击控制柜上的白色使能按钮。

（8）实训系统指示灯不亮。

指示灯不亮，若相对应的电机动作，则是指示灯损坏。

【思考与练习】

通信技术中总线应用的含义。

项目2 工业机器人雕刻实训系统应用

 项目导读

工业机器人雕刻实训系统由六自由度 ABB 工业机器人、末端激光雕刻头、机器人控制柜与示教器、工作站铝型材桌面、实验工件、雕刻软件、控制系统及控制柜、编程计算机、图形打印机等组成。工作站采用末端气动夹具夹取激光雕刻工具，机器人运转至指定区域，通过末端吸盘工具将雕刻材料放置在工作台后，将之前示教放好的雕刻材料雕刻出预设的图案，具有高速、高精度、结构紧凑、轻巧、柔性化高、重复定位精度高、运动速度快等特点，可以应用于平面激光雕刻领域，实现真实的激光雕刻工业场景。

通过该项目的实训，学生可以掌握激光雕刻机的应用、PLC 基本编程指令练习、PLC 与机器人数据交互、工业机器人示教器的认知及使用、气动控制回路的安装及调试、工业机器人控制器 I/O 信号设置和监控、工业机器人参数及变量的调整等内容。

 教学目标

知识目标

- 了解工业机器人雕刻工作站系统的整体设备组成。
- 掌握雕刻工作站系统的工艺过程。
- 掌握雕刻工作站西门子 1200PLC 程序编写。
- 掌握雕刻工作站触摸屏编程应用。
- 掌握雕刻工作站工业机器人程序编写。
- 掌握雕刻软件的应用。
- 掌握雕刻工作站系统调试与运行的基本方法和步骤。
- 掌握雕刻工作站系统的安全操作与注意事项。

技能目标

- 能够概述工业机器人雕刻工作站系统的整体设备组成。
- 能够对雕刻工作站系统的工艺过程进行分析。
- 能够完成雕刻工作站西门子 1200PLC 程序编写。
- 能够完成雕刻工作站触摸屏编程应用。
- 能够完成雕刻工作站工业机器人系统程序编写。
- 能够完成雕刻软件的编程。
- 能够完成雕刻工作站系统的调试与运行。

- 能够遵守雕刻工作站系统的安全操作规程。

素质目标

- 培养学生遵守安全操作规程的意识。
- 锻炼学生分析问题的能力。
- 培养学生工作之后清除垃圾、物品机具打扫干净、美化环境的习惯（企业 6S 管理之三——清扫）。

任务 1　工业机器人雕刻工作站整体认知

【任务描述】

工业机器人雕刻实训系统是通过对激光雕刻头的夹取和运动,利用红光定位和自动聚焦功能，将之前示教放好的雕刻材料，使用金属薄板雕刻出预设图案的一种先进系统，优点是雕刻精度更高，雕刻速度更快捷，可以应用于平面激光雕刻领域。

工业机器人雕刻实训系统工作站由六自由度 ABB 工业机器人 IRB1410、机器人控制柜与示教器、末端激光雕刻头、工作站铝型材桌面、实验工件、控制系统及控制柜、编程计算机、雕刻软件和安全防护围栏等组成。

能够准确描述工业机器人雕刻实训系统的组成部分、各部分设备的型号、工作原理、工作流程和工作站的操作流程。

【任务分析】

本任务通过对工业机器人雕刻实训系统工作站的整体认知来清楚整个工作站的工艺流程及操作，对机器人夹取激光雕刻头进行简单操作，对机器人所包含的运动指令有初步的认识和操作能力，为后续任务的学习奠定基础。

【任务目标】

- 了解工业机器人雕刻实训系统工作站的组成。
- 了解 IRB1410 机器人的组成。
- 掌握激光雕刻头的功能及工作原理。
- 掌握雕刻机软件的功能及工作原理。
- 掌握触摸屏的作用及操作方法。

【相关知识】

1. 工业机器人雕刻实训系统工作站的组成

工业机器人雕刻实训系统工作站由六自由度 ABB 工业机器人 IRB1410、机器人控制柜与示教器、末端激光雕刻头、工作站铝型材桌面、实验工件、控制系统及控制柜、编程计算机、雕刻软件和安全防护围栏等组成，如图 2-1 所示。

图 2-1   工业机器人雕刻实训系统工作站整体结构

2. IRB1410 工业机器人的组成

机器人单元由工业机器人、底座、末端工具、机器人控制柜和示教器组成。

ABB 公司生产的 IRB1410 工业机器人手腕荷重 5kg，上臂提供独有 18kg 附加荷重，可搭载各种工艺设备。

该机器人的优点是结构紧凑、坚固可靠、噪音水平低、例行维护间隔时间长、使用寿命长、工作范围大、到达距离长、手腕极纤细，即使在条件苛刻、限制颇多的场所，仍能实现高性能操作。卓越的控制水平和循径精度确保了出色的工作质量。

机器人末端夹具采用气动手爪和真空吸盘两种工具，安装在同一支架上，气动手爪用于夹取激光雕刻头，真空吸盘用于雕刻完成后吸附雕刻材料到料库位置。

IRB1410 工业机器人本体结构如图 2-2 所示。

图 2-2   IRB1410 工业机器人本体结构

IRB1410 工业机器人的控制系统采用五代机器人控制器，融合 TrueMove、QuickMove 等运动控制技术，对提升机器人性能，包括精度、速度、节拍时间、可编程性、外轴设备同步能力等，具有至关重要的作用。其他特性还包括配备触摸屏和操纵杆编程功能的 FlexPendant 示教器、灵活的 RAPID 编程语言及强大的通信能力。

IRB1410 工业机器人的控制柜结构如图 2-3 所示。面板上的按钮和开关包括机器人电源按钮、紧急停止按钮、模式切换开关和伺服使能按钮等。

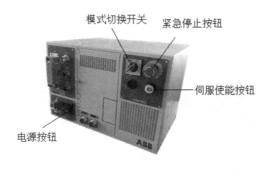

图 2-3　IRB1410 工业机器人控制柜结构

IRB1410 工业机器人的示教器通过 FlexPendant 连接器连接到控制器，继而控制机器人的动作。示教器主要由连接器、触摸屏、紧急停止按钮、控制杆、USB 端口、使动装置、触摸笔、重置按钮等组成。示教器的正反面结构如图 2-4 所示。

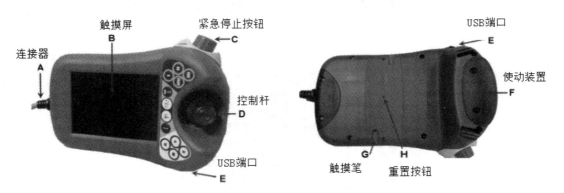

图 2-4　示教器结构示意图

操作示教器 FlexPendant 时，通常左手持设备，右手在触摸屏上操作。具体手持方法如图 2-5 所示。

（a）正面

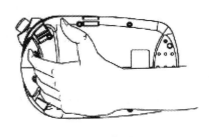

（b）背面

图 2-5　示教器手持方法示意图

3. 触摸屏单元

（1）MCGS TPC7062Ti 触摸屏介绍。

本单元触摸屏采用的是昆仑通态嵌入式一体化触摸屏，具体型号为 MCGS TPC7062Ti。TPC7062Ti 是一套以先进的 Cortex-A8 CPU 为核心（主频 600MHz）的高性能嵌入式一体化触摸屏。该产品设计采用了 7 英寸高亮度 TFT 液晶显示屏（分辨率 800×480）和四线电阻式触摸屏（分辨率 4096×4096），同时还预装了 MCGS 嵌入式组态软件（运行版），具备强大的图像显示和数据处理功能。触摸屏的正面如图 2-6 所示，背面如图 2-7 所示。

图 2-6　MCGS TPC7062Ti 触摸屏正面

图 2-7　MCGS STPC7062Ti 触摸屏背面

MCGS 是一套基于 Windows 平台的用于快速构造和生成上位机监控系统的组态软件系统，主要完成现场数据的采集与监测、前端数据的处理与控制，可运行于 Microsoft Windows 95/98/Me/NT/2000/XP 等操作系统。

MCGS 嵌入版是在 MCGS 通用版的基础上开发的，专门应用于嵌入式计算机监控系统的组态软件。MCGS 嵌入版包括组态环境和运行环境两部分，组态环境能够在基于 Microsoft 的各种 32 位 Windows 平台上运行，运行环境则是在实时多任务嵌入式操作系统 Windows CE 中运行，适应于应用系统对功能、可靠性、成本、体积、功耗等综合性能有严格要求的专用计算机系统。通过对现场数据的采集处理，以动画显示、报警处理、流程控制和报表输出等多种方式向用户提供解决实际工程问题的方案，在自动化领域有着广泛的应用。此外 MCGS 嵌入版还带有一个模拟运行环境，用于对组态后的工程进行模拟测试，方便用户对组态过程的调试。

　　LAN 配置了 10M/100Mb/s 自适应网口，USB1 配置了 USB2.0 的主接口，USB2 配置了连接计算机主机的方形接口，串口的类型为 9 针 DB 口，可以连接 RS-232 或 RS-485 接口，电源接口配置了 24VDC，如图 2-8 所示。

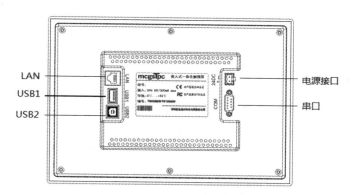

图 2-8　MCGS TPC7062Ti 接口

MCGS TPC7062Ti 触摸屏与计算机的连接方式是通过网线或 USB 连接，如图 2-9 所示。

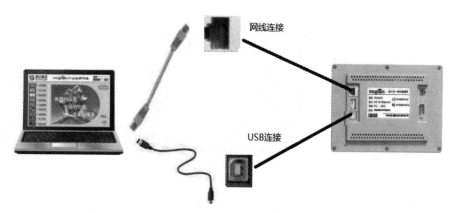

图 2-9　MCGS TPC7062Ti 触摸屏与计算机的连接方式

（2）MCGS 嵌入版组态软件的特点。

- 容量小：整个系统最低配置只需要 2MB 的存储空间，可以方便地使用 DOC 等存储设备。
- 速度快：系统的时间控制精度高，可以方便地完成各种高速采集系统，满足实时控制系统的要求。
- 成本低：系统最低配置只需要主频为 24Mb/s 的 386 单板计算机、2MB DOC、4MB 内存，大大降低了设备成本。
- 稳定性高：无硬盘，内置看门狗，上电重启时间短，可在各种恶劣环境下长时间稳定运行。

4．工作站铝型材桌面

工作站铝型材桌面上布置了四个黑色的位置卡槽，用于放置激光雕刻的金属薄片，机器人可以运行到这四个位置，对金属薄片进行图案和文字的雕刻。铝型材桌面在伺服电机的驱动下可以前后移动，用于雕刻复杂的图案和文字。铝型材桌面支架上安装了三个金属检测传感器，①号传感器是铝型材桌面运行到靠近机器人方向的到位信号，②号传感器是铝型材桌面运行到原点位置的信号，③号传感器是铝型材桌面运行到远离机器人方向的到位信号。铝型材桌面的移动范围控制在①和③位置传感器之间。铝型材桌面上安装了一个位置指示装置的限位开关，用于检测铝型材桌面的运动位置。

5．激光雕刻软件

EzCad2.0 是本系统采用的激光雕刻软件，用于设计和编辑所要雕刻的文字和图形图案。该软件安装在 Windows 操作系统的计算机上，安装方法非常简单，用户只需把安装光盘中的 EzCad2.0 目录拷贝到硬盘中即可。双击计算机桌面上的激光雕刻软件 EzCad2.0 快捷图标，软件启动，画面如图 2-10 所示。具体软件操作将在后续任务中详细介绍。

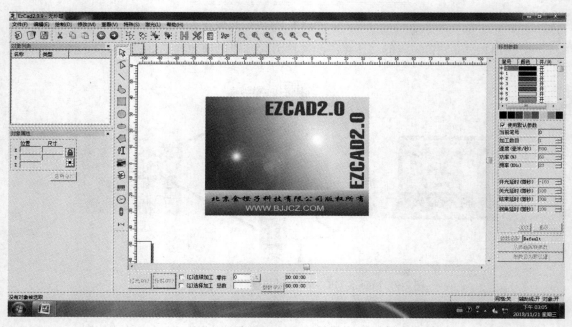

图 2-10　EzCad2.0

【任务示范】

工业机器人雕刻实训系统工作站的运行流程。

（1）工作站系统通电、通气，确保机器人在原点位置，工作站铝型材桌面上的限位开关是否在两个位置传感器之间，工作站铝型材桌面上四个角的位置上放置待雕刻的金属薄片。系统等待开始工作。

（2）把"电源"上的钥匙开关打到右旋位置，系统供电，按下计算机操作台上的红色按钮"计算机"，启动计算机。然后再按下"系统"按钮，"系统"按钮指示灯变为绿色，按下"激光"按钮，激光启动，如图 2-11 所示。

（3）铝型材桌面回原点。

如果工作站铝型材桌面上的限位开关不在①和③两个位置传感器之间，操作触摸屏按钮，使其回到两个位置传感器之间。触摸屏按钮的具体操作步骤如下：单击"原点复位"按钮，工作站铝型材桌面运行后回到原点，即②号传感器位置，如图 2-12 所示。此时"脉冲显示"数字为 0，在"位置输入（脉冲）"下面的文本框中输入"-140000"，单击"定位启动"按钮，等待系统定位完成，如图 2-13 所示。

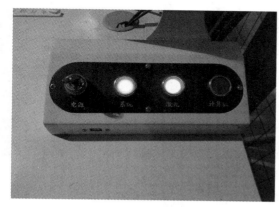

图 2-11　工作台控制按钮

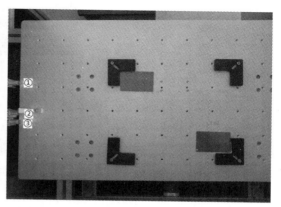

图 2-12　工作站铝型材桌面在原点传感器位置

单击"主画面"按钮切换到主画面。"复位完成"按钮和"运动完成"按钮旁边的颜色按钮显示绿色则表示"原点复位"完成，等待下一步的操作，如图 2-14 所示。

图 2-13　触摸屏监控画面

图 2-14　触摸屏主画面

单击"点动正传"按钮，平台沿着远离机器人的方向运动；单击"点动反转"按钮，平台沿着靠近机器人的方向运动。

（4）单击触摸屏上的"启动"按钮，等待机器人开始工作。

（5）双击计算机桌面上的 EzCad2.0 图标打开雕刻软件，如图 2-15 所示。编辑激光雕刻文字将在任务 3 中详细介绍。

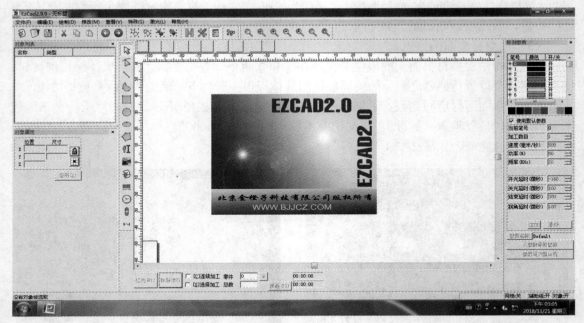

图 2-15　雕刻软件主画面

（6）等待机器人示教器启动，然后单击"程序编辑器"，如图 2-16 所示。

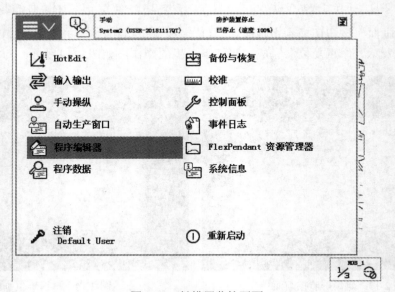

图 2-16　触摸屏监控画面

（7）在弹出的画面中单击"调试"按钮，再单击"PP 移动至 main"按钮，如图 2-17 所示。

（8）用手握住"使能"按钮，单击示教器上的"启动"按钮，机器人启动，夹取激光雕刻头，开始雕刻。

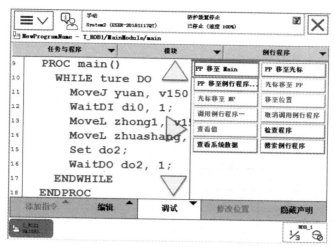

图 2-17 触摸屏主画面

（9）等待机器人雕刻完毕后，机器人自动将激光雕刻头放到激光雕刻头放置位置，一个操作流程完毕。

【技能实训】

ABB 搬运工作站认知。

ABB 搬运工作站认知任务考核评分表

序号	考核内容	考核方式	考核标准	权重	成绩
1	机器人雕刻工作站的整体结构	理论	能现场介绍工作站的组成	50%	
2	机器人雕刻工作站的工艺流程	理论	清楚工作站所要完成的工作	50%	

【知识拓展】

1. 机器人控制系统的基本功能

（1）控制机械臂末端执行器的运动位置（即控制末端执行器经过的点和移动路径）。

（2）控制机械臂的运动姿态（即控制相邻两个活动构件的相对位置）。

（3）控制运动速度（即控制末端执行器运动位置随时间变化的规律）。

（4）控制运动加速度（即控制末端执行器在运动过程中的速度变化）。

（5）控制机械臂中各动力关节的输出转矩（即控制对操作对象施加的作用力）。

（6）具备操作方便的人机交互功能，机器人通过记忆和再现来完成规定的任务。

（7）使机器人对外部环境有检测和感觉功能。工业机器人配备视觉、力觉、触觉等传感器进行测量、识别，判断作业条件的变化。

2. 机器人模式选择

机器人模式有自动模式、手动模式、手动全速模式。

3. TPC7062Ti 产品特性

TPC7062Ti 产品特性如表 2-1 所示。

表 2-1　TPC7062Ti 产品特性

产品特性	具体参数	产品特性	具体参数
液晶屏	7 英寸 TFT 液晶屏	额定电压	24±20%VDC
分辨率	800×480	额定功率	5W
显示颜色	65535 真彩色	USB 接口	1 主 1 从
触摸屏	电阻式	串口	COM1（RS-232）、COM2（RS-485）
CPU	Cortex-A8 CPU，主频 600MHz	以太网口	10M/100Mb/s 自适应
内存	128MB	面板尺寸	226.5×163（mm）
系统内存	128MB	机柜开孔	215×152（mm）
电磁兼容	工业三级	组态软件	MCGS 嵌入版

4. TPC7062Ti 外观尺寸和开孔尺寸

TPC7062Ti 外观尺寸如图 2-18 所示，TPC7062Ti 开孔尺寸如图 2-19 所示。

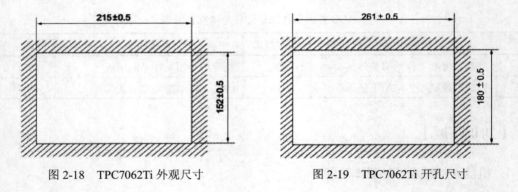

图 2-18　TPC7062Ti 外观尺寸　　　　图 2-19　TPC7062Ti 开孔尺寸

【思考与练习】

理论题

1．工业机器人雕刻工作站由几部分组成？各部分完成哪些功能？
2．IRB1410 工业机器人由哪几部分组成？简要概述各部分的功能。
3．MCGS 的含义是什么？触摸屏的工作原理是什么？

实训题

手动操作按钮和工业机器人，完成工业机器人雕刻工作站系统的运行。

任务 2 雕刻工作站机器人系统程序设计

【任务描述】

1. 机器人启动，手动/自动模式切换。
2. 机器人零点位置校准。
3. 建立雕刻工作站工具坐标。
4. 建立雕刻工作站工件坐标。
5. 雕刻工作站机器人程序设计。

【任务分析】

对雕刻工作站机器人系统进行程序设计之前，需要做好下述几部分工作。

1. 机器人启动，手动/自动模式切换

机器人在运行之前，需要给电柜上电。机器人的运行模式分为手动和自动，在开始对机器人进行参数设置和程序设计之前，需要将机器人的运行模式设为手动，当机器人参数设置完成和程序编写完成，手动正常运行一个周期之后，可以切换到自动运行。自动运行过程中除非按停止按钮，否则程序会运行一个程序周期。

2. 机器人零点位置校准

为什么要对工业机器人进行零点校准呢？这是我们在给工业机器人进行零点校准之前需要思考的一个问题。

工业机器人在得到充分和正确的标定零点时，它的使用效果才会最好。因为只有这样，机器人才能达到它最高的点精度和轨迹精度或者完全能够以编程设定的动作运动。完整的零点标定过程包括为每一个轴标定零点。通过技术辅助工具 EMD（Electronic Mastering Device，电子控制仪）可为任何一个在机械零点位置的轴指定一个基准值（例如 0°）。因为这样可以使轴的机械位置和电气位置保持一致，所以每一个轴都有一个唯一的角度值。

3. 建立雕刻工作站工具坐标

工业机器人工具坐标系定义在工具上，即安装在机器人末端的工具坐标系，原点及方向都是随着末端位置与角度不断变化的，实际是将基础坐标系通过旋转及位移变化而得到的。TCP（Tool Center Point，工具中心点）工具坐标系是机器人运动的基准。机器人系统自带的 TCP坐标原点在第六轴的法兰盘中心，垂直方向为 Z 轴，符合右手法则，如图 2-20 所示。

工具坐标系必须事先进行设定。注意，在设置 TCP 坐标的时候一定要把机器人的操作模式调到"手动限速"模式。机器人工具坐标系由工具中心点 TCP 和坐标方位组成，机器人运动时 TCP 是必需的。当机器人夹具被更换，重新定义 TCP 后，可以不更改程序，直接运行。但是当安装新夹具后就必须重新定义这个坐标系，否则会影响机器人的稳定运行。

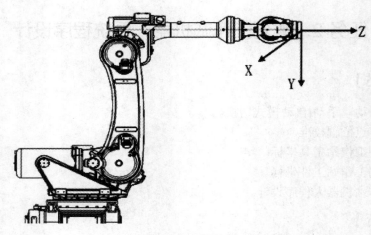

图 2-20   工具坐标

4. 建立雕刻工作站工件坐标

工件坐标，通俗地说就是，大家在用尺子进行测量的时候，将尺子上零刻度的位置作为测量对象的起点。工业机器人中，在工作对象上运行的时候，也需要一个像尺子一样的零刻度的起点，方便进行编程和坐标的偏移。

工件坐标定义工件相对于大地坐标系（或其他坐标系）的位置。机器人程序支持多个工件坐标，可以根据当前工作状态进行变换，如图 2-21 所示。

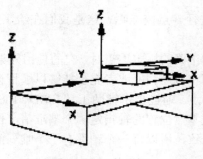

图 2-21   工件坐标

5. 雕刻工作站机器人程序设计

根据雕刻工作站机器人的工艺路径编写机器人程序。

【任务目标】

- 能够正确操作机器人电气控制柜上的按钮进行机器人的启停、手动/自动模式切换、使能上电等操作。
- 能够正确完成机器人零点位置校准。
- 能够使用机器人示教器进行工具坐标和工件坐标设定、程序设计和运行调试等。

【相关知识】

1. 雕刻工作站工具坐标建立

TCP 工具坐标系是机器人运动的基准。工具坐标数据 tooldata 用于描述安装在机器人第六轴上的工具的 TCP、质量（Mass）、重心（Cog）等参数数据。默认工具（tool0）的工具中心点位于机器人安装法兰盘的中心。所有机器人在手腕处都有一个预定义工具坐标系，该坐标系被称为 tool0。这样就能将一个或多个新工具坐标系定义为 tool0 的偏移值。

工具坐标数据的设定方法有 3 种：4 点法、5 点法和 6 点法。4 点法，不改变 tool0 的坐标方向；5 点法，改变 tool0 的 Z 方向；6 点法，改变 tool0 的 X 和 Z 方向。前三个点的姿态相差尽量大些，这样有利于 TCP 精度的提高。

2. 雕刻工作站工件坐标建立

工件坐标对应工件，它定义工件相对于大地坐标系（或其他坐标系）的位置。对机器人进行编程时就是在工件坐标系中创建目标和路径，重新定位工作站中的工件时，只需要更改工件坐标的位置，所有的路径即可随之更新。

在对象的平面上，只要定义三个点，就可以建立一个工件坐标。X1 确定工件坐标的原点，X2 确定工件坐标 X 正方向，Y1 确定工件坐标 Y 正方向，最后 Z 的正方向根据右手定则得出。

3. 机器人包含的坐标及相互关系

机器人包含基坐标系（Base Coordinate System）、大地坐标系（World Coordinate System）、工具坐标系（Tool Coordinate System）和工件坐标系（Work Object Coordinate System），其相互关系如图 2-22 所示。

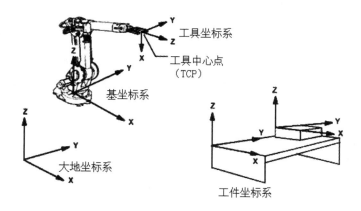

图 2-22　机器人坐标系

4. 机器人基本指令解读

（1）运动指令 MoveJ：关节轴运动。

指令应用说明：机器人以最快捷的方式运动至目标点，机器人运动状态不完全可控，但运动路径保持唯一，常用于机器人在空间大范围移动。

程序示例：MoveJ P10, v100, z50, tool0;

MoveJ 表示运动方式为关节运动，P10 表示机器人运动的目标位置，v100 表示机器人的运行速度为 100mm/s，z50 表示转弯区数据，tool0 表示当前机器人运动的工具坐标。

该条程序语句表示，机器人从当前位置以关节轴运动的方式运动到 P10 位置处，机器人运动的速度是 100mm/s，机器人运动的转弯区半径为 50mm，机器人使用的工具坐标是 tool0。

注意，在修改和添加机器人的运动指令之前，一定要确认所使用的工具坐标和工件坐标。

（2）运动指令 MoveL：直线运动。

指令应用说明：机器人将以线性移动的方式运动至目标点，当前点与目标点两点确定一条直线，机器人运动状态可控，运动路径保持唯一，可能出现死点，常用于机器人在工作状态移动。

程序示例：MoveL P20, v150, z50, tool0;

MoveL 表示运动方式为直线运动，P20 表示机器人运动的目标位置，v150 表示机器人的运行速度为 150mm/s，z50 表示转弯区数据，tool0 表示当前机器人运动的工具坐标。

该条程序语句表示，机器人从当前位置以直线运动的方式运动到 P20 位置处，机器人运动的速度是 150mm/s，机器人运动的转弯区半径为 50mm，机器人使用的工具坐标是 tool0。

注意，在修改和添加机器人的运动指令之前，一定要确认所使用的工具坐标和工件坐标。

（3）输入输出指令 Set：置位。

程序示例：Set DO1;

DO1 为输出信号名。该条语句表示，将数字输出信号 DO1 置位为"1"。

（4）输入输出指令 ReSet：复位。

程序示例：ReSet DO2;

DO2 为输出信号名。该条语句表示，将数字输出信号 DO2 复位为"0"。

（5）输入输出指令 WaitDI：等待输入。

程序示例：WaitDI DI0, 1;

DI0 为输入信号名，1 为状态。

该条语句表示，在程序执行此指令时，等待 DI0 的值为 1。如果 DI0 为 1，则程序继续往下执行；如果达到最大等待时间 300s 以后 DI0 的值还不为 1，则机器人报警或进入出错处理程序。

（6）设置指令 WaitTime：等待时间。

程序示例：WaitTime 1;

WaitTime 等待指令只是让机器人程序运行停顿相应时间，1 为时间 1s。

该条语句表示，机器人程序运行到本行语句时停顿 1 秒。

【任务示范】

1. ABB 工业机器人 IRB1410 零点校准

前面项目中已有详细介绍，这里不再重复讲解。

2. 雕刻工作站工具坐标建立

（1）单击"手动操纵"，如图 2-23 所示。

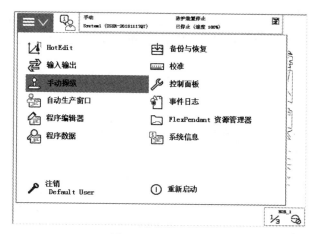

图 2-23 手动操纵

（2）单击"工具坐标"，如图 2-24 所示。

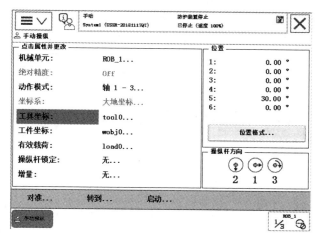

图 2-24 工具坐标

（3）单击菜单栏中的"新建"按钮，如图 2-25 所示。

（4）在弹出的画面中，不做任何修改，直接单击"确定"按钮，如图 2-26 所示。

（5）单击 tool1，在菜单栏中单击"编辑"按钮，在弹出的列表框中单击"定义"命令，如图 2-27 所示。

（6）在弹出的对话框中，在"方法"下拉列表框中选择"TCP（默认方向）"，单击"点数"下拉列表框，选择 4 即 4 点法，如图 2-28 所示。

（7）移动机器人的参考点，以四种不同的姿态去靠近固定的参考点，并且在每次靠近的同时记录点的位置。"点 1，点 2，点 3，点 4"的状态为"已修改"，单击"确定"按钮，如图 2-29 所示。

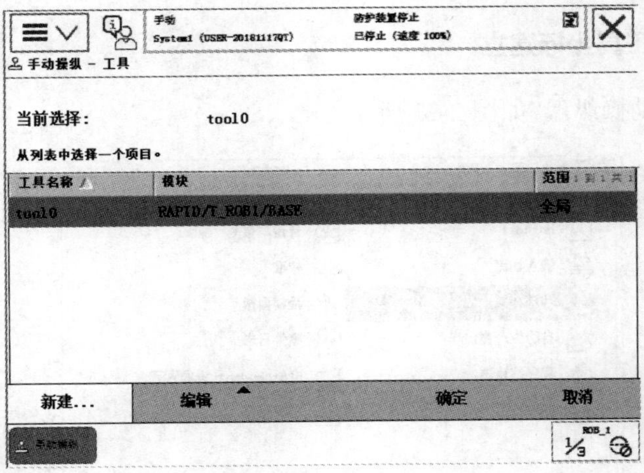

图 2-25　新建

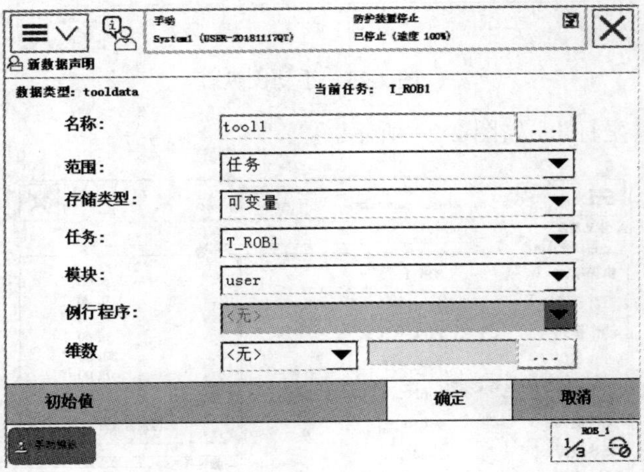

图 2-26　确定

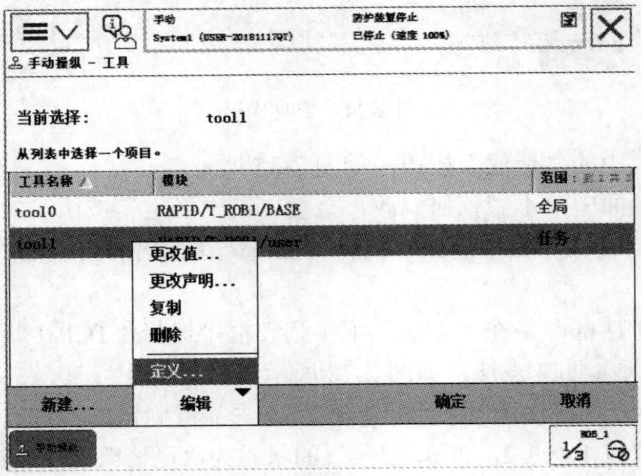

图 2-27　编辑

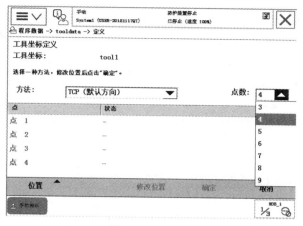

图 2-28 4 点法

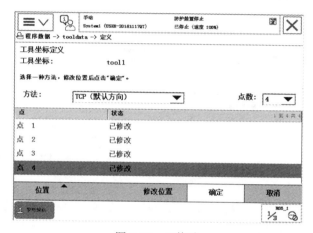

图 2-29 已修改

（8）在创建工具坐标后，必须要给所创建的工具定义质量 mass 和重心 cog，否则机器人会报告该工具为非法工具，单击"编辑"下拉列表框中的"更改值"，如图 2-30 所示。

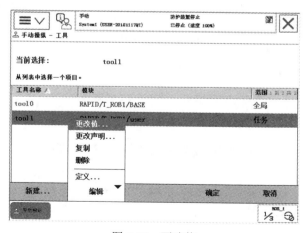

图 2-30 更改值

（9）在弹出的对话框中，单击向下箭头，找到 mass，单击旁边的值"-1"（如图 2-31 所示），修改为大于 0 的数，此处修改为"1"，单击"确定"按钮，如图 2-32 所示。

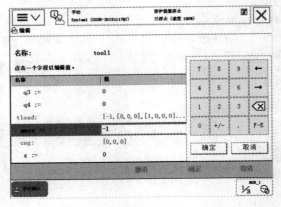

图 2-31　mass 值

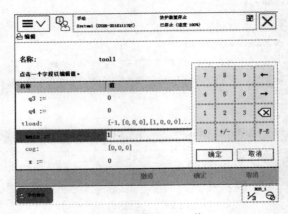

图 2-32　修改 mass 值

（10）在弹出的对话框中，此时 mass 的值已经修改为"1"，单击"确定"按钮，如图 2-33 所示。

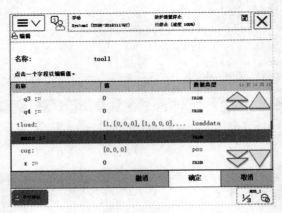

图 2-33　mass 值已修改

（11）在弹出的对话框中，再次单击"确定"按钮，完成工具坐标的设定，如图 2-34 所示。

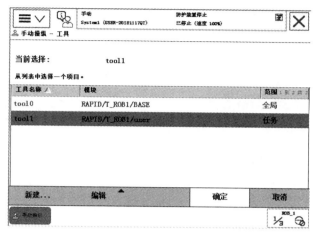

图 2-34　修改后确定

当遇到比较特别的情况时，如 TCP 点只在 tool0 的 Z 轴偏移，那么可以通过手动修改值的方法来创建工具坐标数据。

3. 雕刻工作站工件坐标建立

（1）在 ABB 示教器上单击"手动操纵"，如图 2-35 所示。

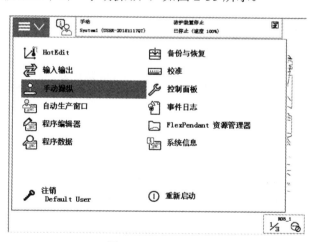

图 2-35　手动操纵

（2）在弹出的对话框中，单击"工件坐标"，系统默认的工件坐标是 wobj0，如图 2-36 所示。

（3）在弹出的对话框中单击"新建"按钮，如图 2-37 所示。

（4）名称为默认，即 wobj1，其他选项都默认设置，然后单击"确定"按钮，如图 2-38 所示。

（5）选择 wobj1，单击"编辑"按钮，选择"定义"选项，如图 2-39 所示。

（6）在弹出的对话框中，用户方法选择"3 点"，如图 2-40 所示。

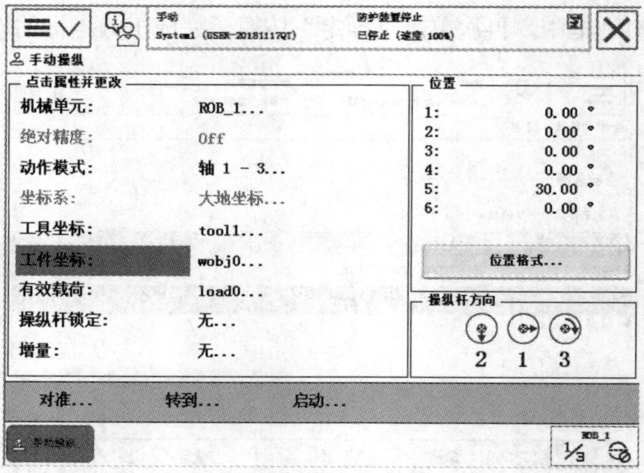

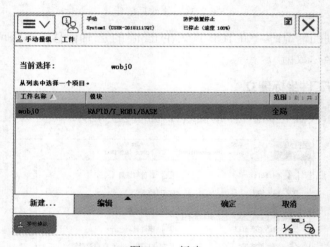

图 2-36　工件坐标

图 2-37　新建

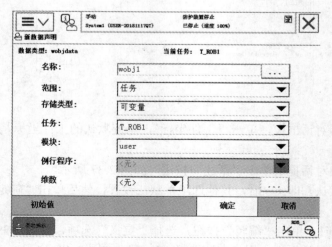

图 2-38　默认选项

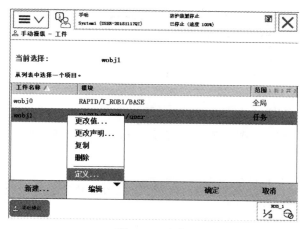

图 2-39　定义

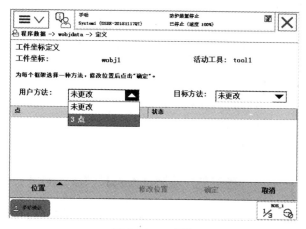

图 2-40　3 点法

（7）通过机器人进行示教，确定三个点 X1、X2、Y1。X1 确定工件坐标的原点，X2 确定工件坐标 X 正方向，Y1 确定工件坐标 Y 正方向，操作机器人，移动到 X1 点后，单击示教器界面上的"用户点 X1"，单击"修改位置"按钮，如图 2-41 所示。

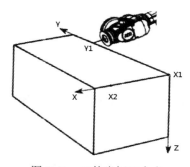

图 2-41　工件坐标三个点

（8）将机器人移动到 X2 点后，单击示教器界面上的"用户点 X2"，单击"修改位置"按钮，如图 2-42 所示。

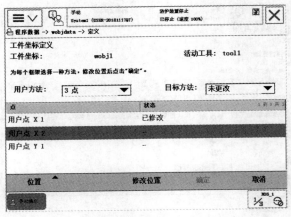

图 2-42　修改 X2 点

（9）将机器人移动到 Y1 点后，单击示教器界面上的"用户点 Y1"，单击"修改位置"按钮，如图 2-43 所示。

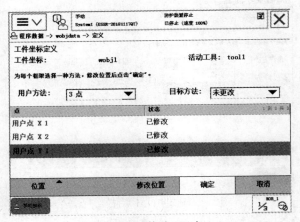

图 2-43　修改 X3 点

（10）在示教器界面上单击"确定"按钮，完成工件坐标的设定，如图 2-44 所示。

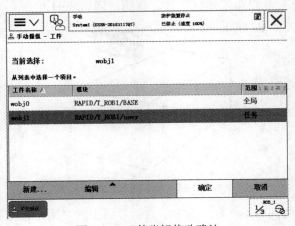

图 2-44　工件坐标修改确认

4. 雕刻工作站机器人程序设计

根据工作站机器人的工艺流程设计工作站机器人系统程序流程，如图 2-45 所示。

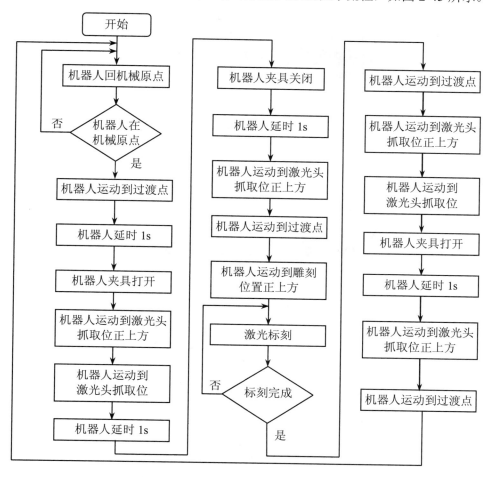

图 2-45　工作站机器人系统程序流程图

根据工作站机器人系统程序流程图的设计，具体操作如下：

（1）打开示教器的程序编辑器，输入机器人运行程序。

（2）单击示教器下拉菜单中的"程序编辑器"，如图 2-46 所示。

（3）在弹出的对话框中，提示"不存在程序，是否需要新建程序，或加载现有程序"，单击"新建"按钮，如图 2-47 所示。

（4）在弹出的对话框中，显示的是主程序的结构，单击"<SMT>"，再单击示教器菜单栏中的"添加指令"，在弹出的命令列表框中选择 MoveJ，如图 2-48 所示。

（5）在弹出的对话框中，MoveJ 指令已经出现在程序中"MoveJ *, v1000, z50, tool0;"，如图 2-49 所示。

（6）修改本条语句中的参数。单击 MoveJ 语句后面的"*"，单击示教器菜单栏中的"编辑"，在弹出的列表框中单击"更改选择内容"，如图 2-50 所示。

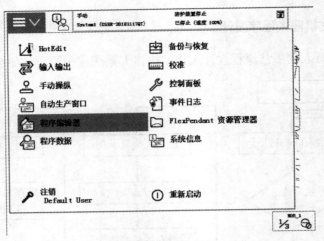

图 2-46　程序编辑器

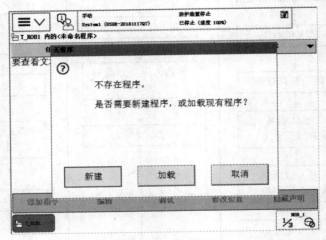

图 2-47　新建程序

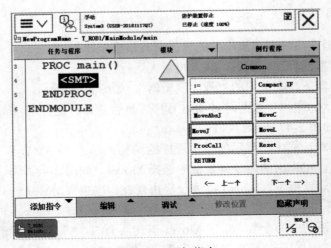

图 2-48　添加指令

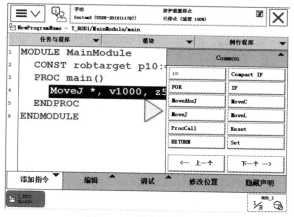

图 2-49 关节运动指令

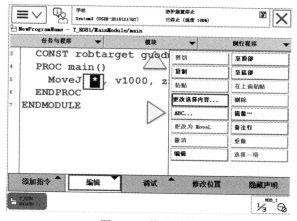

图 2-50 修改参数

（7）在弹出的对话框中单击"新建"按钮，如图 2-51 所示。新建一个位置名称，为了防止机器人从机械原点到夹取激光雕刻头位置点的过程中碰撞周边设备，此处定义一个过渡点 1，名称为 guodu1。

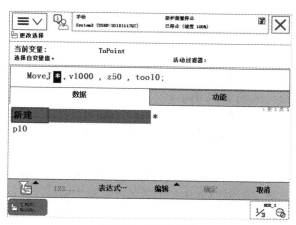

图 2-51 新建名称

（8）在弹出的对话框中，单击"名称"右侧的 ___ 按钮，如图 2-52 所示。

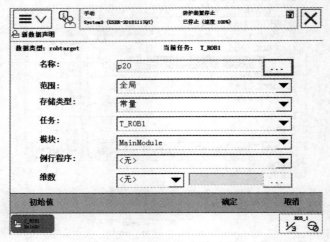

图 2-52　修改名称

（9）在弹出的对话框中，单击键盘上的字母键入新建的位置名称，此处输入 guodu1，单击"确定"按钮，如图 2-53 所示。

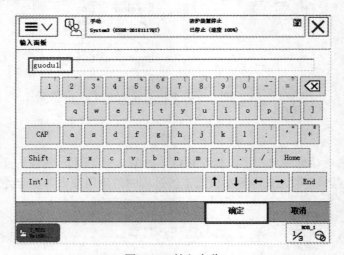

图 2-53　输入名称

（10）在弹出的对话框中，新建的位置名称已经修改为 guodu1，其他选项都默认，不作修改，单击"确定"按钮，如图 2-54 所示。

（11）在弹出的对话框中，单击"确定"按钮，如图 2-55 所示。

（12）在弹出的对话框中，MoveJ 后面的"*"已经修改为 guodu1，完成位置点名称的修改，如图 2-56 所示。

（13）运动指令 MoveJ 默认的机器人运行速度为 v1000。为了使机器人安全运行，修改速度为 v150。单击 v1000，在示教器的菜单栏中单击"编辑"按钮，在弹出的列表框中单击"更改选择内容"，如图 2-57 所示。在弹出的速度列表中选择 v150，单击"确定"按钮，如图 2-58 所示。

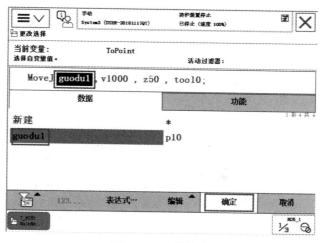

图 2-54　名称已修改

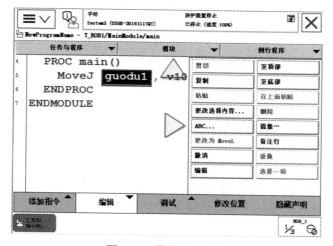

图 2-55　确认修改

图 2-56　修改后的名称

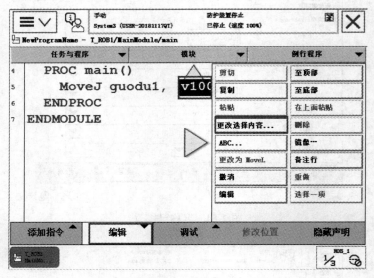

图 2-57   修改速度

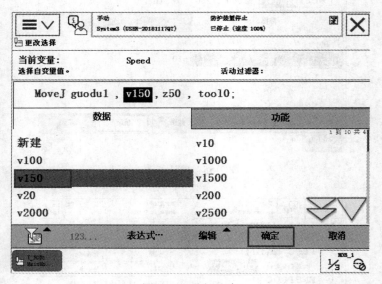

图 2-58   选择速度

（14）在弹出的对话框中，MoveJ 语句后面的速度值已经修改为 v150，如图 2-59 所示。语句中的其他参数不作修改，至此就完成了第一条指令 MoveJ 的输入和编辑。

（15）手动操作机器人，使机器人到达预先定义的过渡点 1，在示教器的屏幕上单击guodu1，再单击"修改位置"按钮，如图 2-60 所示。

（16）在弹出的对话框中，提示"此操作不可撤销。点击'修改'以更改位置 guodu1"，单击"修改"按钮，完成过渡点 1（guodu1）的位置修改，如图 2-61 所示。

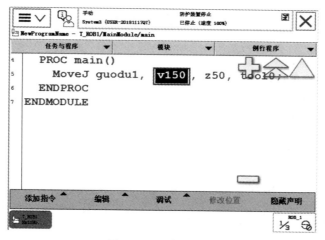

图 2-59　速度已修改

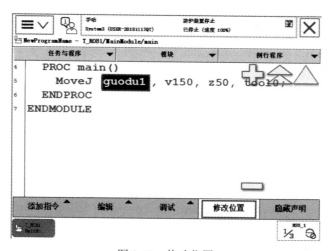

图 2-60　修改位置

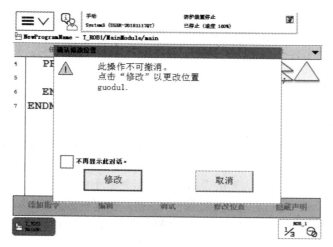

图 2-61　修改

其他程序指令的添加和编辑和 MoveJ 类似，这里不再一一介绍。

主程序如下：

```
PROC main()
    WHILE TRUE DO
        MoveJ yuan, v150, z50, tool0;
        WaitDI DI0, 1;
        MoveL zhong1, v150, z50, tool0;
        MoveL Offs(zhuaqu,0,0,150), v150, z50, tool0;
        Set DO2;
        WaitDO DO2, 1;
        WaitTime 1;
        MoveL zhuaqu, v30, fine, tool0;
        Reset DO2;
        MoveL Offs(zhuaqu,0,0,150), v50, z50, tool0;
        MoveL zhong1, v150, fine, tool0;
        MoveL yuan, v150, fine, tool0;
        MoveL wei1, v150, fine, tool0;
        Set DO1;
        WaitTime 1;
        Reset DO1;
        WaitDI DI1, 1;
        WaitTime 1;
        MoveL yuan, v150, fine, tool0;
        MoveL zhong1, v50, fine, tool0;
        MoveL Offs(zhuaqu,0,0,150), v50, z50, tool0;
        MoveL zhuaqu, v20, fine, tool0;
        Set DO2;
        WaitDO DO2, 1;
        WaitTime 3;
        MoveL Offs(zhuaqu,0,0,150), v50, z50, tool0;
        MoveL zhong1, v150, fine, tool0;
        MoveL yuan, v150, fine, tool0;
        Reset DO2;
    ENDWHILE
```

程序编写完成后，单击示教器菜单栏中的"调试"，在弹出的列表框中单击"PP 移至 Main"，如图 2-62 所示。

在主程序界面中，红色的标记箭头指向主程序 main()下面的第一行，表示机器人程序从本行开始执行，如图 2-63 所示。

程序有错误找出并修改。确认无错误后，按下示教器上的"使能"按钮，确保机器人电柜上的伺服使能上电，单击示教器操作面板上的■按钮，观察机器人的运动轨迹，运行过程中是否存在奇异点，如果存在奇异点，按下示教器操作面板上的"停止"按钮，修改奇异点为正常点后再进行程序的运行，直到机器人完成激光雕刻机的雕刻任务。

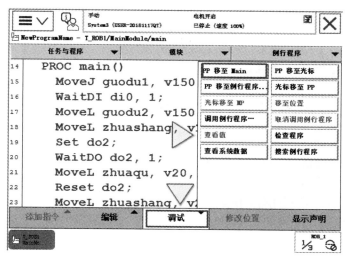

图 2-62　完整程序

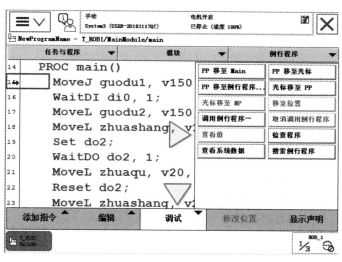

图 2-63　指针移动到主程序

【技能实训】

任务考核评分表

序号	考核内容	考核方式	考核标准	权重	成绩
1	工业机器人 IRB1410 零点校准	实操	完成零点校准	10%	
2	雕刻工作站工具坐标建立	实操	完成工具坐标建立	10%	
3	雕刻工作站工件坐标建立	实操	完成工件坐标建立	10%	
4	雕刻工作站机器人程序设计	实操	完成雕刻工作站机器人程序编写	50%	
5	雕刻工作站机器人程序运行	实操	完成雕刻工作站机器人程序运行	20%	

【知识拓展】

1. 工业机器人何时需要校准

原则上，机器人必须时刻处于已标定零点的状态，如果出现下面列出的一个或多个故障，则必须校准系统：

（1）在投入运行时。

（2）更改了分解器值。当机器人上更换了影响校准位置的部件时，可能会出现这种情况。

（3）转数计数器存储器的内容丢失，在以下情形下可能会出现这种情况：

● 电池已放电，出现分解器错误。

● 分解器和测量电路板间信号中断。

● 控制系统断开时移动了机器人轴。

（4）进行了机械修理后，必须先删除机器人的零点，然后才可零点校准。

（5）在机器人发生碰撞后。

2. 零点标定的安全提示

如果机器人轴未经零点标定，则会严重限制机器人的功能：

● 无法编程运行：不能沿编程设定的点运行。

● 无法在手动运行模式下手动平移：不能在坐标系中移动。

● 软件限位开关关闭。

3. 工业机器人奇异点的处理

在调试机器人时，如果 5 轴的角度是 0°，机器人 J4 轴和 J6 的角度一样时，我们就说机器人处于奇异点。针对机器人出现奇异点，有以下两种处理方法：

● 在机器人示教时遇到奇异点，处理步骤如下：

（1）将机器人的示教坐标系切换到关节。

（2）点动机器人，调整各轴，转过奇异位置。

● 在程序运行时遇到奇异点：运行程序时遇到奇异点，可以将该行动作指令的动作类型改为关节运动，或者修改机器人的位置姿态，以避开路径当中存在的奇异点。

【思考与练习】

理论题

1. IRB1410 工业机器人有几种运行模式？分别是什么？

2. 简要概述工件坐标和工具坐标的含义。

3. 机器人运行速度的单位是什么？

4. 数字量输出置位指令是什么？请举例说明如何使用。

5. 简述程序语句"MoveL p1,v100,z10,tool1;"的含义。

实训题

1．手动操纵 ABB IRB1410 机器人，以 4 点法创建以铝型材桌面为工件的工件坐标。

2．编写示教程序，完成机器人夹取激光雕刻头运动到铝型材桌面正上方位置，等待 2 秒后，再返回到激光雕刻头放置位置处放下激光雕刻头，最后回到机械原点位置。

任务 3　雕刻工作站雕刻软件程序设计

【任务描述】

1．通过对雕刻软件绘制菜单的使用完成曲线、矩形、圆形等的绘制。

2．通过对雕刻软件各项参数的设置完成激光头的标定和具体功能的设置。

3．通过对雕刻软件中图形、文字的编辑和参数的修改设置完成文字、图形的雕刻。

【任务分析】

1．如果要用雕刻软件进行曲线、圆形等图形的绘制，则需要掌握雕刻软件绘制菜单的功能。

2．激光雕刻的过程中，需要对激光头进行标定。只有对激光头进行正确的标定，才能完成后续的雕刻任务，标定参数的设置包括频率、功率、激光开启时间等。

3．在前面任务熟练掌握的基础上，可以绘制一些图形、文字，利用机器人抓取激光头进行雕刻，看是否能达到理想的雕刻效果。

【任务目标】

● 能够对雕刻机软件进行操作使用。

● 能够使用绘制菜单中的工具。

● 能够使用雕刻机软件进行激光头标定。

● 能够使用雕刻机软件进行图形的编辑操作。

● 能够对加工工件的属性参数进行修改。

【相关知识】

1. 激光雕刻机软件 EzCad2.0 使用介绍

打开雕刻机软件：在计算机桌面上双击 图标即可打开激光雕刻机软件，界面左上部分是对象列表栏，左下部分是对象属性栏，中间黑色方框内是文字图形编辑区域，左侧是绘制工具栏，右侧是标刻参数栏，上面是命令工具栏，下面是加工控制栏和状态栏，如图 2-64 所示。

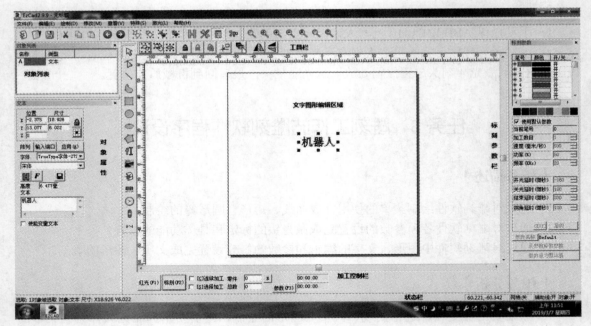

图 2-64　EzCad2.0 软件界面

2. 菜单绘制功能

（1）绘制曲线。

在"绘制"菜单中选择"曲线"命令或者单击工具栏中的 图标，然后按住鼠标左键并拖动即可绘制自由曲线，如图 2-65 所示。在绘制曲线命令下，移动鼠标到曲线中间节点上，按下鼠标左键可以删除当前节点；移动鼠标到曲线起始节点上，按下鼠标左键可以自动闭合当前曲线；移动鼠标到曲线结束节点上，按下鼠标左键可以使当前曲线节点为尖点；移动鼠标到曲线中间不是节点的部分上，按下鼠标左键可以在当前曲线处增加一个节点。

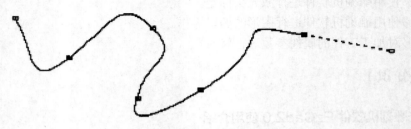

图 2-65　绘制曲线

（2）绘制矩形（正方形）。

在"绘制"菜单中选择"矩形"命令或者单击工具栏中的 图标。在绘制矩形命令下，按住鼠标左键并拖动可以绘制矩形；按住 Ctrl+鼠标左键并拖动可以绘制正方形，如图 2-66 所示。

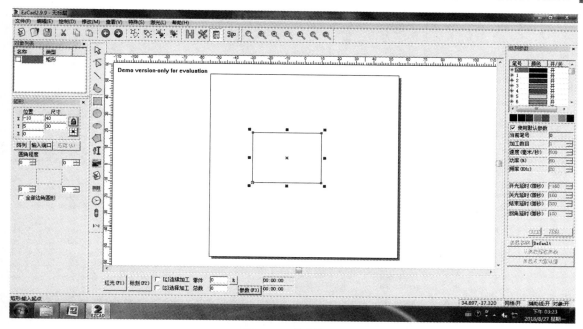

图 2-66　绘制矩形

　　选择矩形后，在属性工具栏中会显示如图 2-67 所示的矩形属性。

　　也可以在"矩形"对话框（如图 2-68 所示）的"位置"和"尺寸"对应的 X 和 Y 文本框中输入数据，形成矩形。如果圆角程度为 100%，则该角变为圆弧。如果勾选"全部边角圆形"复选项，则更改某一个角的圆角程度后，其余三个角都增加相应的圆角程度。

图 2-67　矩形

图 2-68　圆

　　（3）绘制圆形（椭圆）。

　　在"绘制"菜单中选择"圆"命令或者单击工具栏中的◯图标，按下鼠标左键并拖动可以绘制圆。在绘制圆命令下，在属性工具栏中会显示如图 2-69 所示的圆属性。

　　"开始角度"是指圆的起始相对于圆心的角度。↻表示标刻当前圆的方向是顺时针，相反为逆时针。

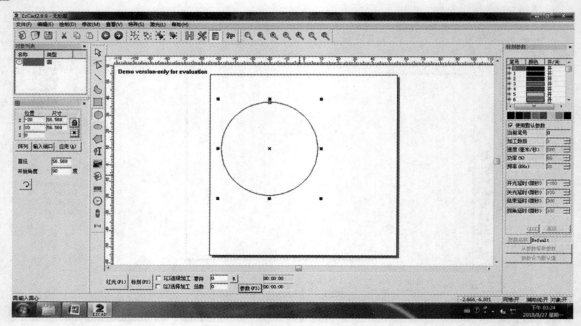

图 2-69　绘制圆形（椭圆）

（4）绘制条形码。

在"绘制"菜单中选择"条形码"命令或者单击工具栏中的 ▮▮▮ 图标，在绘图区的空白处拖动鼠标即可绘制条形码，如图 2-70 所示。

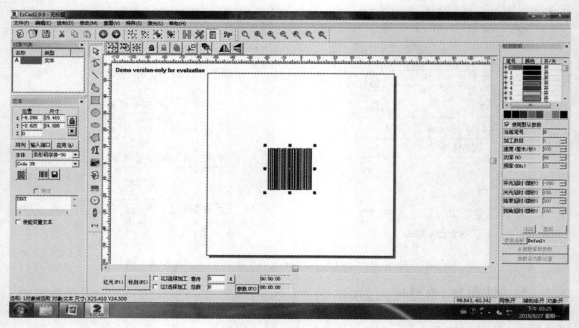

图 2-70　绘制条形码

单击左侧视图中蓝色的条形码，弹出"条形码"对话框，具体属性如图 2-71 所示。

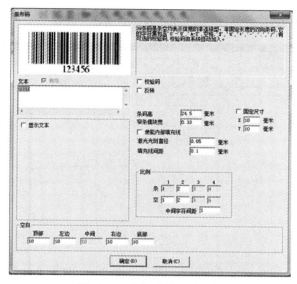

图 2-71　"条形码"对话框

3. 激光雕刻头和铝型材桌面的距离

机器人夹取激光雕刻头移动到铝型材桌面待雕刻区域的正上方,铝型材桌面到激光雕刻头外边缘黑色边框的垂直距离为 19.0～19.4cm。

【任务示范】

下面以在金属薄板上激光雕刻文字为例进行任务示范。

（1）在计算机桌面上双击 EzCad2.0 图标,打开雕刻机软件,如图 2-72 所示。

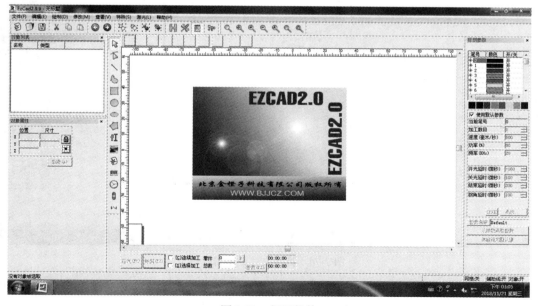

图 2-72　打开软件

（2）在绘制工具栏中右击 ▓ 图标，如图 2-73 所示。

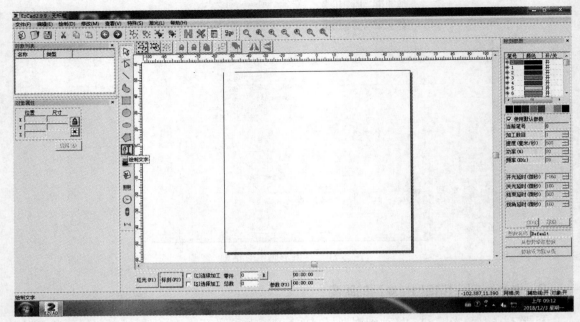

图 2-73　选择文字工具

（3）将 ▓ 拖到雕刻区域内，此时雕刻区域显示"TEXT"字样图标，如图 2-74 所示。

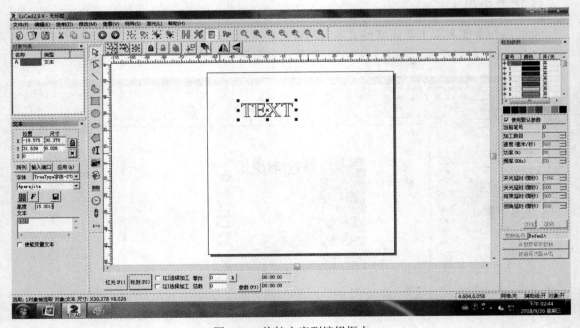

图 2-74　拖拽文字到编辑框中

（4）在对象属性栏的"文本"文本框中输入雕刻的文字，例如"机器人"，然后单击"应用"按钮，此时雕刻区域的"TEXT"变为"机器人"字样，如图 2-75 所示。

图 2-75　输入文字

（5）移动机器人到待雕刻的金属薄板上方待雕刻位置，单击加工控制栏中的"红光"按钮，如图 2-76 所示。

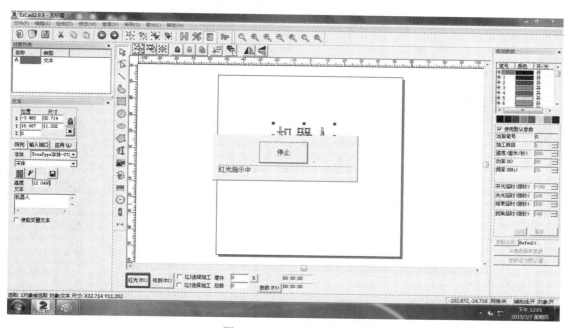

图 2-76　"红光"按钮

红色方框显示在待雕刻的金属薄片上，说明输入的雕刻文字可以雕刻在金属薄片的区域内，如图 2-77 所示。如果红色方框不在金属薄片的范围内，则移动机器人，移动红色方框到金属薄片范围内，如图 2-78 所示。

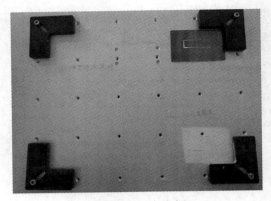

图 2-77   红色方框

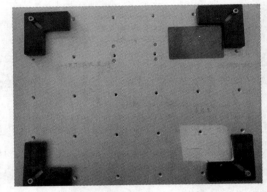

图 2-78   移动方框位置

（6）单击加工控制栏中的"标刻"按钮，激光雕刻头在瞬间完成激光雕刻，如图 2-79 所示。

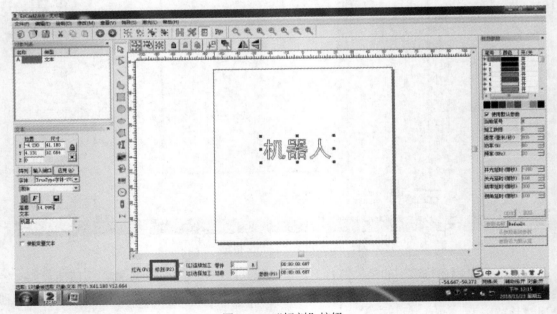

图 2-79   "标刻"按钮

（7）如果想改变雕刻文字的字体，则修改对象属性栏中的字体，雕刻的字体即被更改，如图 2-80 所示。

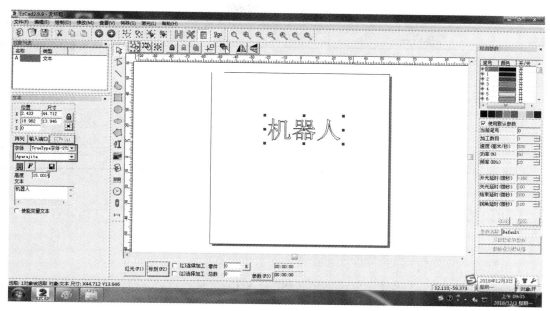

图 2-80　修改文字字体

（8）如果想改变雕刻文字的位置，则修改对象属性栏中的"位置"和"尺寸"属性，如图 2-81 所示。

图 2-81　修改文字位置和尺寸

雕刻文字的位置和尺寸被更改，可以看到"机器人"三个字向左上方移动。

【技能实训】

任务考核评分表

序号	考核内容	考核方式	考核标准	权重	成绩
1	打开 EzCad2.0 软件	实操	可以正确打开 EzCad2.0 软件	5%	
2	在软件雕刻区域输入雕刻的文字	实操	完成文字的输入	25%	
3	可以修改雕刻文字的字体字号	实操	完成文字字体字号的修改	20%	
4	使用"红光"功能	实操	完成机器人夹取激光雕刻头与铝型材桌面的距离设定	25%	
5	使用"标刻"功能	实操	完成文字雕刻	25%	

【知识拓展】

下面给出 EzCad2.0 软件的功能和技术特点。

（1）自由设计所要加工的图形图案。

（2）支持 TrueType 字体、单线字体（JSF）、SHX 字体、点阵字体（DMF）、一维条形码和二维条形码。

（3）灵活的变量文本处理，加工过程中实时改变文字，可以直接动态读写文本文件、SQL 数据库和 Excel 文件等。

（4）可以通过串口直接读取文本数据。

（5）可以通过网口直接读取文本数据。

（6）有自动分割文本功能，可以适应复杂的加工情况。

（7）强大的节点编辑功能和图形编辑功能，可进行曲线焊接、裁剪和求交运算。

（8）支持多达 256 支笔（图层），可以为不同对象和笔号设置不同的加工参数。

（9）兼容常用图像格式（bmp、jpg、gif、tga、png、tif 等）。

（10）兼容常用的矢量图形（ai、dxf、dst、plt 等）。

（11）常用的图像处理功能（灰度转换、黑白图转换、网点处理等），可以进行 256 级灰度图片加工。

（12）强大的填充功能，支持环形填充、单向填充和双向填充等填充方式。

（13）强大的 I/O 控制功能，多种控制对象，增加了端口控制功能，可使机器轻松实现自动化，用户可以自由控制系统与外部设备交互。

（14）直接支持 SPI 的 G3 版光纤激光器、最新的 IPG_YLP 和 IPG_YLPM 光纤激光器，可根据不同激光器参数由软件实现调电流、脉冲频率、占空比等参数。

（15）支持动态聚焦（三轴加工系统）。

（16）开放的多语言支持功能，可以轻松支持世界各国语言。

（17）密码控制，可防止参数被随意修改。

（18）两种校正方式，内置传统的梯形校正、桶（枕）形校正和平行四边形校正；另开发专用校正软件，可获得极其精准的校正结果。

【思考与练习】

理论题

1. EzCad2.0 软件的编辑界面有几个功能区域，简要概述各自的功能。
2. EzCad2.0 软件兼容的图像格式有哪些？
3. 激光雕刻头与被雕刻的物体之间的垂直距离是什么？
4. EzCad2.0 软件编辑界面中，"红光"按钮的作用是什么？
5. EzCad2.0 软件编辑界面中，"标刻"按钮的作用是什么？

实训题

打开 EzCad2.0 软件，在文字图形编辑区域输入自己的名字，对准铝型材桌面上的金属薄片红光位置，调整激光头和金属薄片的距离，手动操纵机器人，完成文字雕刻。

任务 4　工业机器人雕刻工作站系统运行调试

【任务描述】

本任务完成触摸屏程序编写、PLC 程序编写，触摸屏与 PLC 之间相互通信，机器人程序、PLC 程序与触摸屏程序之间的运行调试，系统整体运行的操作流程等内容。

【任务分析】

根据任务描述，完成雕刻工作站系统运行，需要在触摸屏上布置两个画面，一个主画面和一个操作画面。主画面完成工作站系统的启动和停止功能，同时要显示系统复位完成与铝型材桌面运动完成等信息，及与操作画面之间的切换按钮等。当系统复位完成后，按下主画面上的"启动"按钮时，机器人自动完成激光雕刻。操作画面完成铝型材桌面原点复位、点动正传、点动反转、定位启动等功能，画面上显示位置输入脉冲、实际位置脉冲等信息。

PLC 程序需要完成触摸屏画面的功能。最后对各部分程序进行联调，完成系统的运行。

【任务目标】

- 完成 MCGS 嵌入版组态软件程序编写。
- 完成 PLC S7-1200 程序编写。
- 完成触摸屏与 PLC 通信。
- 完成雕刻工作站系统运行调试。

【相关知识】

1. MCGS 嵌入版组态软件的组成

MCGS 嵌入版生成的用户应用系统由主控窗口、设备窗口、用户窗口、实时数据库和运行策略五部分构成。

主控窗口：构造了应用系统的主框架，用于对整个工程的相关参数进行配置，可设置封面窗口、运行工程的权限、启动画面、内存画面、磁盘预留空间等。主控窗口如图 2-82 所示。

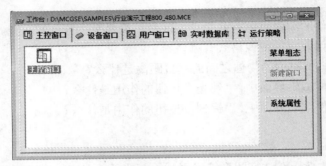

图 2-82　主控窗口

设备窗口：是应用系统与外部设备联系的媒介，专门用来放置不同类型和功能的设备构件，实现对外部设备的操作和控制。设备窗口通过设备构件把外部设备的数据采集进来，送入实时数据库，或把实时数据库中的数据输出到外部设备。设备窗口如图 2-83 所示。

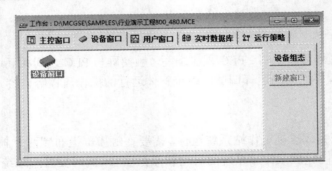

图 2-83　设备窗口

用户窗口：实现了应用系统数据和流程的"可视化"。工程里所有可视化的界面都是在用户窗口里面构建的。用户窗口中可以放置三种不同类型的图形对象：图元、图符和动画构件。通过在用户窗口内放置不同的图形对象，用户可以构造各种复杂的图形界面，用不同的方式实现数据和流程的"可视化"。用户窗口如图 2-84 所示。

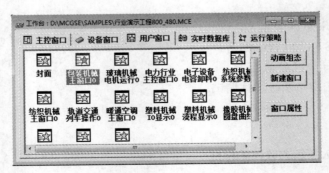

图 2-84　用户窗口

　　实时数据库：是应用系统的核心。实时数据库相当于一个数据处理中心，同时也起到公共数据交换区的作用。从外部设备采集来的实时数据送入实时数据库，系统其他部分操作的数据也来自于实时数据库。实时数据库如图 2-85 所示。

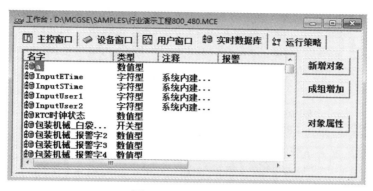

图 2-85　实时数据库

　　运行策略：是对应用系统运行流程实现有效控制的手段。运行策略本身是系统提供的一个框架，里面放置由策略条件构件和策略构件组成的"策略行"，通过对运行策略的定义，使系统能够按照设定的顺序和条件操作任务，实现对外部设备工作过程的精确控制。运行策略如图 2-86 所示。

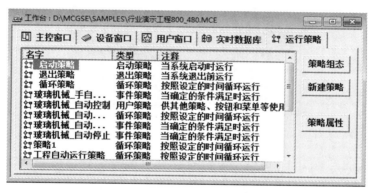

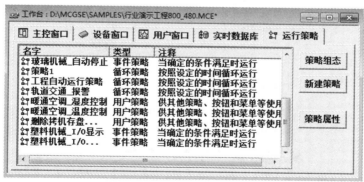

图 2-86　运行策略

2. S7-1200 PLC 硬件

S7-1200 PLC 是西门子公司推出的一款面向低端的离散自动化系统和独立自动化系统中使用的小型控制器模块。S7-1200 设计紧凑、组态灵活且具有功能强大的指令集，这些特点的组合使它成为控制各种应用的完美解决方案。CPU 将微处理器、集成电源、输入电路和输出电路组合到一个设计紧凑的外壳中以形成功能强大的 PLC。CPU 根据用户程序逻辑监视输入并更改输出，用户程序可以包含布尔逻辑、计数、定时、复杂数学运算以及与其他智能设备的通信。

S7-1200 系统有五种不同模块：CPU1211C、CPU1212C、CPU1214C、CPU1215C 和 CPU1217C。其中的每一种模块都可以进行扩展，以完全满足您的系统需要。可在任何 CPU 的前方加入一个信号板，轻松扩展数字量或模拟量 I/O，同时不影响控制器的实际大小。可将信号模块连接至 CPU 的右侧，进一步扩展数字量或模拟量 I/O 容量。本系统采用的是 CPU1215C，外形如图 2-87 所示。

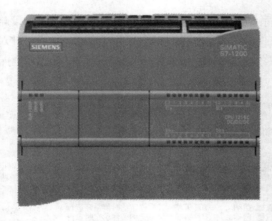

图 2-87   CPU1215C

S7-1200 集成的 PROFINET 接口用于进行计算机编程、触摸屏和 PLC 之间的通信。PROFINET 是基于工业以太网的现场总线，是开放式的工业以太网标准，它使工业以太网的应用扩展到了控制网络最底层的现场设备。S7-1200 网络通信如图 2-88 所示。

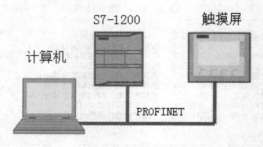

图 2-88   S7-1200 网络通信

另外，PROFINET 接口支持使用开放以太网协议的第三方设备，并且具有自动纠错功能的 RJ-45 连接器，提供 10M/100Mb/s 的数据传输速率。

3. S7-1200 编程工具 STEP 7 Basic

STEP 7 Basic 是西门子公司开发的高集成度工程组态系统，包括面向任务的 HMI 智能组态软件 SIMATIC Wincc Basic。上述两个软件集成在一起，也称为 TIA（Totally Integrated Automation，全集成自动化）Portal，它提供了直观易用的编辑器，用于对 S7-1200 和精简系列面板进行高效组态。除了支持编程以外，STEP 7 Basic 还为硬件和网络组态、诊断等提供通用的工程组态框架。STEP 7 Basic 软件界面如图 2-89 所示。

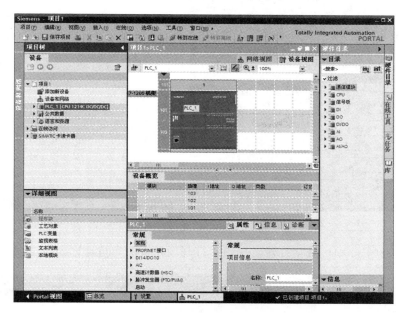

图 2-89　STEP 7 Basic 软件界面

TIA Portal 创建自动化系统的关键组态步骤如下：
（1）创建项目。
（2）配置硬件。
（3）联网设备。
（4）对 PLC 编程。
（5）组态可视化。
（6）加载组态数据。
（7）使用在线诊断功能。

【任务示范】

1. PLC 硬件组态与程序编写

（1）PLC 硬件组态。

双击计算机桌面上的 TIA Portal V13 图标，Portal V13 软件启动。在打开的界面中，单击"创建新项目"，在"创建新项目"详细列表中输入"项目名称"，例如输入 T1，单击"创建"

按钮，如图 2-90 所示。

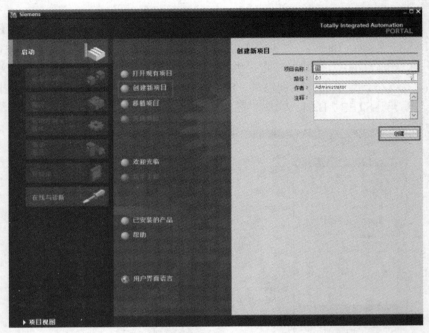

图 2-90　创建项目

在打开的界面中，项目成功创建，单击"打开项目视图"按钮，如图 2-91 所示。

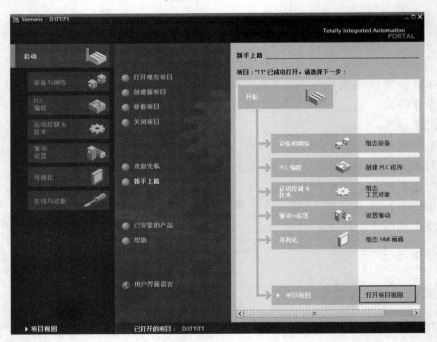

图 2-91　打开项目视图

在打开的项目树视图中双击"添加新设备"，如图 2-92 所示。

图 2-92　添加新设备

在弹出的"添加新设备"对话框中，单击"控制器"，在控制器列表中单击 SIMATIC S7-1200 旁边的▼，出现 CPU，单击 CPU 前面的 ▶ 图标，在展开的 CPU 列表视图中单击 CPU1215C DC/DC/DC 旁边的▼，选择 6ES7 215-1AG40-0XB0 型号的 CPU，单击"确定"按钮，如图 2-93 所示。

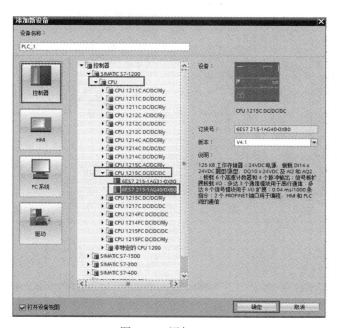

图 2-93　添加 CPU

在打开的界面中，PLC 已经添加到设备视图中"PLC_1[CPU1215C DC/DC/DC]"，如图 2-94 所示。

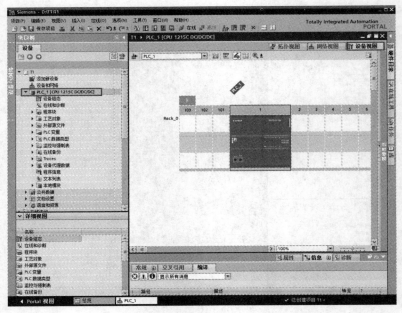

图 2-94　PLC 设备视图

（2）参数设置。

单击"常规"选项卡，再单击"PROFINET 接口[X1]"，如图 2-95 所示。

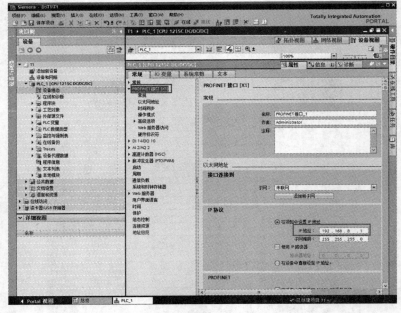

图 2-95　IP 地址设置

在右侧的详细视图列表"IP 协议"中，修改"在项目中设置 IP 地址"选项的 IP 地址为 192.168.8.1，连接 PLC 计算机的网络地址必须设为和 PLC 同一网段，例如可以设定计算机的 IP 地址为 192.168.8.10。

在"常规"选项卡下，单击"脉冲发生器（PTO/PWM）"前面的▼按钮，再单击 PTO1/PWM1 选项，在右侧的详细视图中选中"启用该脉冲发生器"复选项，找到"脉冲选项"，单击"信号类型"下拉列表框，选择"PTO（脉冲 A 和方向 B）"，如图 2-96 所示。

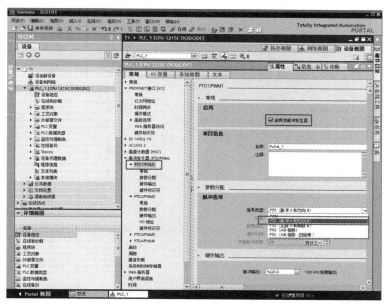

图 2-96　PTO/PWM 设置

（3）PLC 程序编写。

单击"设备"窗格中"程序块"前面的▶，在展开的视图中双击 Main（OB1），如图 2-97 所示。

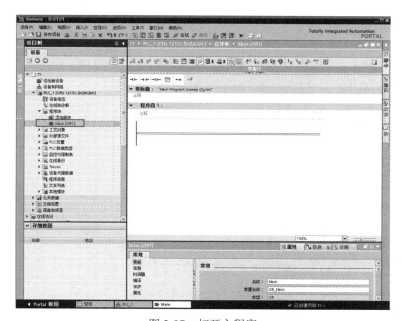

图 2-97　打开主程序

在主程序中输入编写好的梯形图主程序。

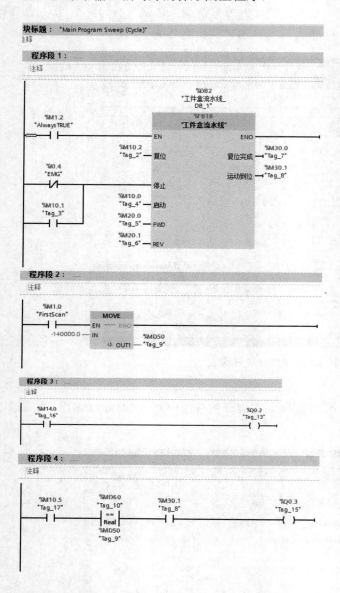

下面是电机轴运动控制子程序。

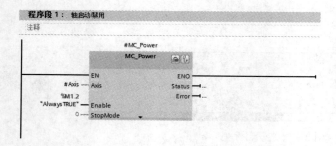

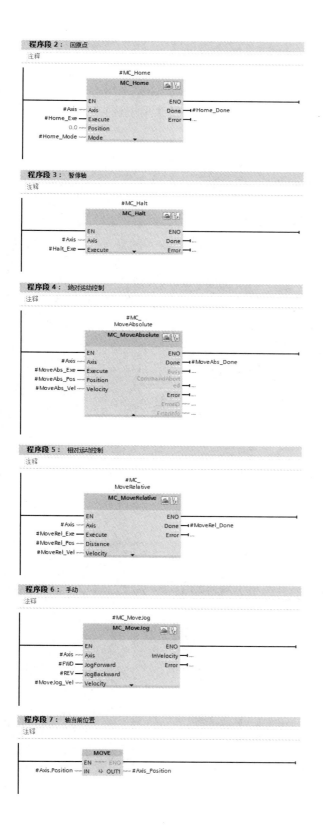

程序段 2： 回原点
注释

程序段 3： 暂停轴
注释

程序段 4： 绝对运动控制
注释

程序段 5： 相对运动控制
注释

程序段 6： 手动
注释

程序段 7： 轴当前位置
注释

2. 触摸屏工程项目建立

双击计算机桌面上的 MCGS 组态软件快捷方式图标 启动 MCGS 组态软件，在打开的 MCGS 组态软件界面中单击菜单栏中的"文件"，在弹出的下拉菜单中选择"新建工程"，如图 2-98 所示。

图 2-98　新建工程

在弹出的"新建工程设置"对话框中选择触摸屏 TPC 的类型，方法是单击"类型"下拉列表框并选择 TPC7062Ti，其他选项默认，单击"确定"按钮，如图 2-99 所示。

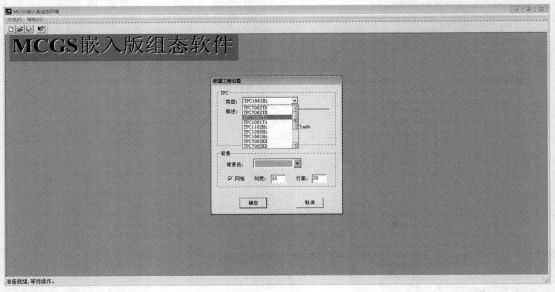

图 2-99　触摸屏型号选择

　　在弹出的"工作台"界面中,单击"用户窗口"选项卡,再单击"新建窗口"按钮,在用户窗口视图中出现"窗口 0",如图 2-100 所示。

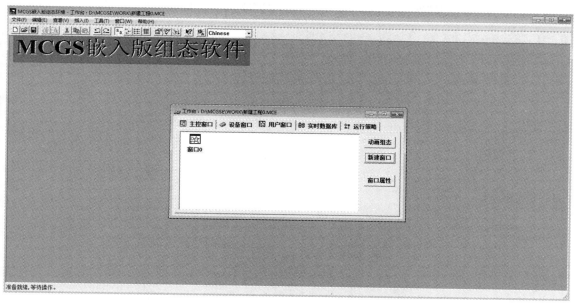

图 2-100 新建窗口

　　右击"窗口 0",在弹出的快捷菜单中选择"属性"选项,弹出"用户窗口属性设置"对话框,在其中修改"窗口名称"为"主画面",单击"确定"按钮,如图 2-101 所示。

图 2-101 窗口属性设置

　　双击"主画面",弹出"动画组态主画面"窗口,如图 2-102 所示。

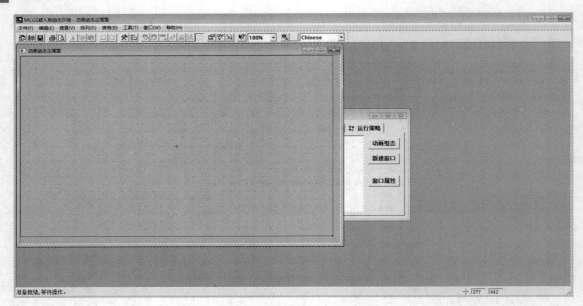

图 2-102　"动画组态主画面"窗口

单击工具栏中的"工具箱"按钮，在其中找到"按钮"选项，直接拖到画面中，如图 2-103 所示。

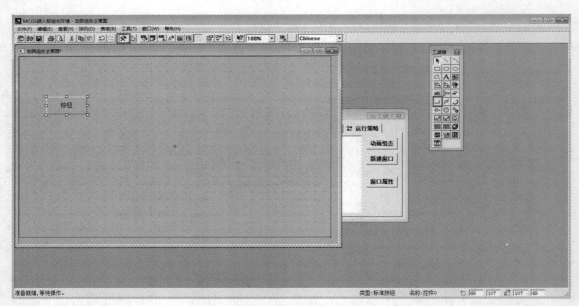

图 2-103　布置按钮

双击画面中的"按钮"，弹出"标准按钮构件属性设置"对话框，在其中单击"基本属性"选项卡，修改"按钮"文本为"启动"，再单击"操作属性"选项卡，勾选"数据对象值操作"复选项，单击对应的属性下拉列表框并选择"按 1 松 0"，如图 2-104 所示。

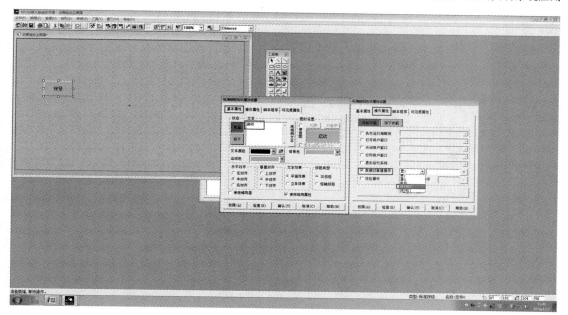

图 2-104　按钮属性设置

单击"数据对象值操作"对应的变量属性的 ？按钮，在弹出的"变量选择"对话框中选择建立的变量"设备 0 读写 M010_5"，单击"确认"按钮，如图 2-105 所示。

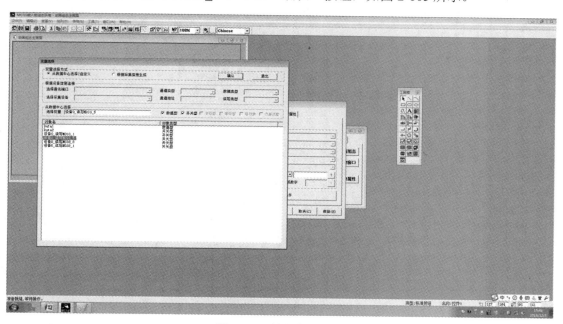

图 2-105　按钮变量属性

按钮设置属性：当按钮被按下时，对应的变量值为 1，当按钮松开时，对应的变量值为 0，所以属性设置为"按 1 松 0"，按钮关联的变量为"设备 0 读写 M010_5"。在弹出的"标准按钮构件属性设置"对话框中单击"确定"按钮，按钮属性设置完毕，如图 2-106 所示。

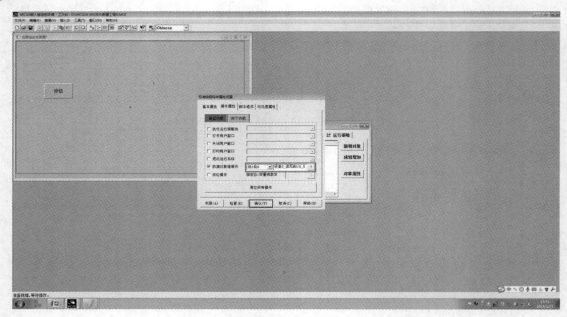

图 2-106　按钮属性显示

按照上述方法依次布置按钮和其他控件，最终主画面和控制画面如图 2-107 所示。

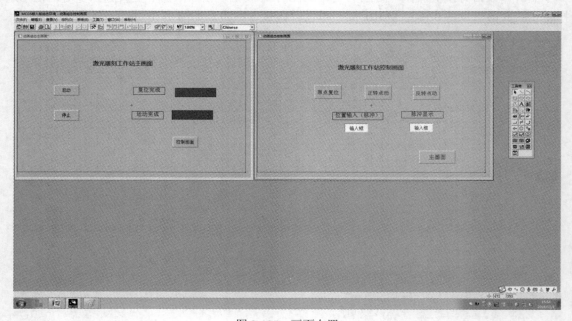

图 2-107　画面布置

3. 触摸屏 MCGS 与 S7-1200PLC 通讯设置

（1）硬件网络连接。
用网线把计算机、S7-1200PLC 模块和触摸屏连接起来。

（2）查看西门子 S7-1200 的 IP 地址。

打开 S7-1200 编程软件 Totally Integrated Automation Portal V13，在起始视图里单击"在线与诊断"，在右侧视图中单击"可访问设备"，在弹出的"可访问设备"对话框中单击"PG/PC 接口的类型"下拉列表框并选择 PN/IE 选项，如图 2-108 所示。

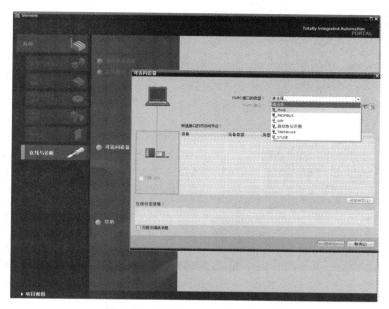

图 2-108　选择 PG/PC 接口的类型

单击"PG/PC 接口"下拉列表框并选择"Realtek PCIe GBEFamily Controller（网卡驱动）"选项，如图 2-109 所示。

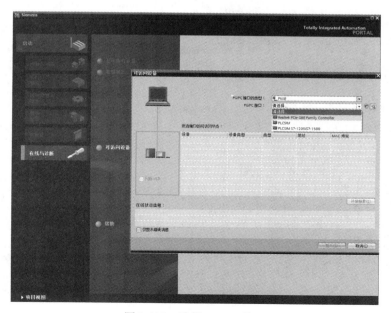

图 2-109　选择 PG/PC 接口

单击"开始搜索"按钮，如图 2-110 所示。

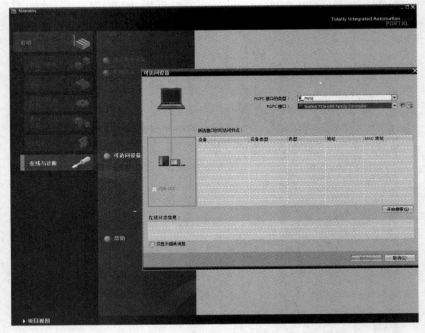

图 2-110　搜索 PLC 的 IP 地址

稍等片刻即可在"所选接口的可访问节点"下面的视图中看到 PLC S7-1200 的 IP 地址 192.168.8.1，如图 2-111 所示。

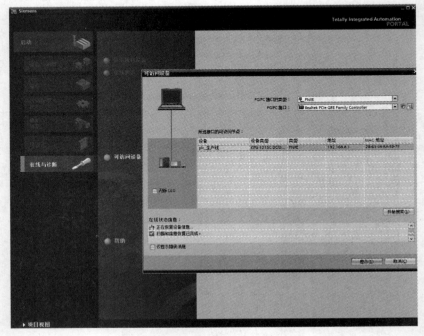

图 2-111　PLC 的 IP 地址显示

（3）MCGS 软件中的设置。

在 MCGS 软件中把驱动程序 Siemens_1200 加入到设备窗口，然后双击打开"设备编辑窗口"，在"远端 IP 地址"栏中输入 PLC 的 IP 地址 192.168.8.1，在"本地 IP 地址"栏中输入触摸屏的 IP 地址 192.168.8.6，单击"确认"按钮，如图 2-112 所示。

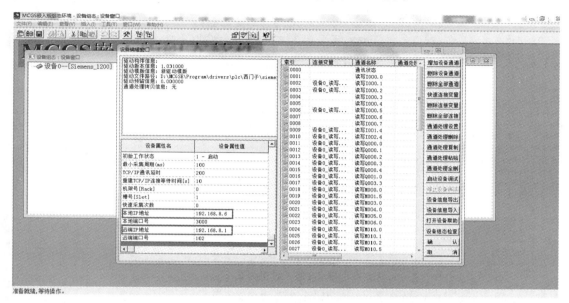

图 2-112　PLC 的 IP 地址和触摸屏的 IP 地址设置

触摸屏与 S7-1200 用网线连接，设置完成后将程序下载到触摸屏，即可完成通讯。

（4）工程下载。

单击工具栏中的"工程下载"按钮，弹出"下载配置"对话框，如图 2-113 所示。

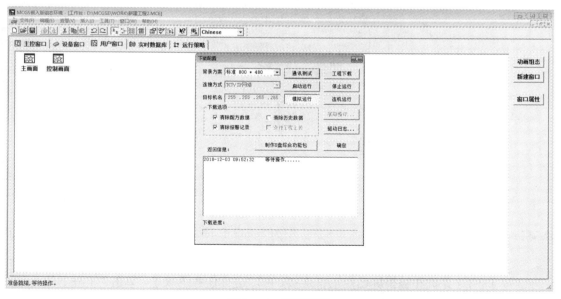

图 2-113　下载配置

在"下载配置"对话框中，单击"连接方式"下拉列表框并选择"TCP/IP 网络"，在"目标机名"栏中输入触摸屏的 IP 地址 192.168.8.6，如图 2-114 所示。

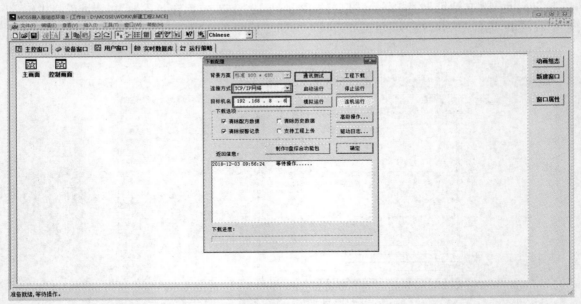

图 2-114　通讯测试

单击"通讯测试"按钮，在下面的"返回信息"栏中显示"通讯测试正常"，如图 2-115 所示。

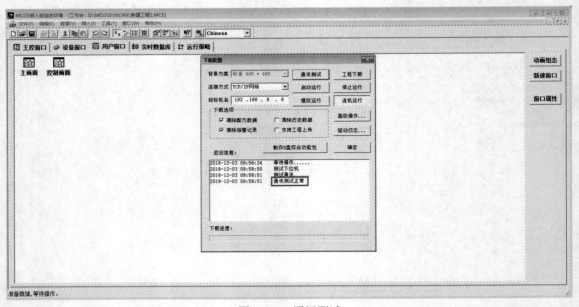

图 2-115　通讯测试

此时，说明计算机和触摸屏已经正常连接，可以进行任务下载了，单击"工程下载"按钮，建立的触摸屏工程文件下载到触摸屏里。

【技能实训】

任务考核评分表

序号	考核内容	考核方式	考核标准	权重	成绩
1	S7-1200PLC 硬件组态	实操	完成在 Portal 编程软件中的硬件组态	15%	
2	S7-1200PLC 程序编写	实操	完成 PLC 主程序和子程序的编写	25%	
3	建立触摸屏 MCGS 工程项目	实操	完成 MCGS 工程项目的创建	5%	
4	触摸屏 MCGS 画面功能编辑	实操	完成激光雕刻工作站触摸屏画面编辑	25%	
5	MCGS 与 S7-1200PLC 通讯设置	实操	完成 MCGS 与 PLC 通讯连接	20%	
6	工作站运行调试	实操	完成激光雕刻工作站整体运行	10%	

【知识拓展】

1. MCGS 嵌入版组态软件安装

MCGS 嵌入版软件可到昆仑通态官网（www.mcgs.cn）下载安装程序，具体安装步骤如下：

（1）打开 MCGS 安装文件夹，双击 Setup.exe 文件，显示 MCGS 信息界面，如图 2-116 所示。

图 2-116　MCGS 欢迎界面

（2）在弹出的欢迎使用界面中，单击"下一步"按钮，如图 2-117 所示。

（3）在"自述文件"界面中，单击"下一步"按钮，如图 2-118 所示。

（4）在"选择目标目录"界面中，选择默认的安装路径，不做任何修改，再单击"下一步"按钮，如图 2-119 所示。

（5）在"开始安装"界面中，单击"下一步"按钮，如图 2-120 所示。

（6）在"正在安装"界面中，显示安装的进度和安装所需的时间，如图 2-121 所示。

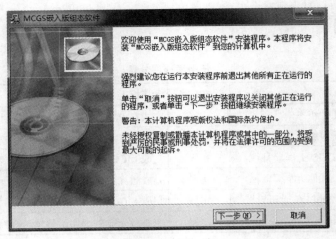

图 2-117　下一步

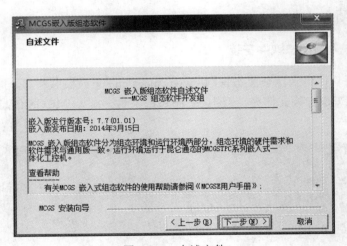

图 2-118　自述文件

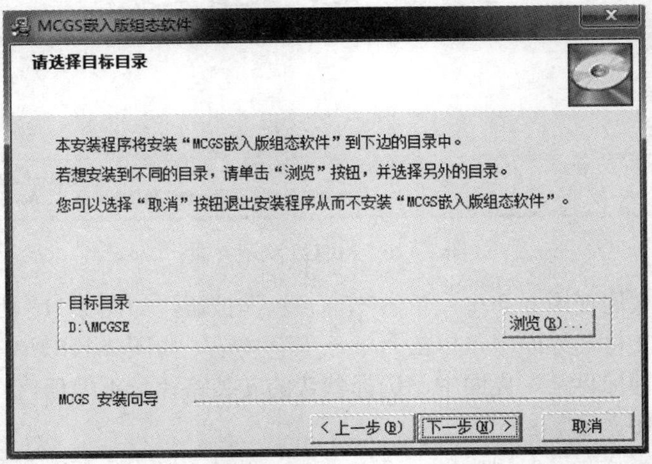

图 2-119　目标目录

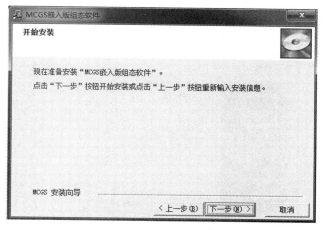

图 2-120　开始安装

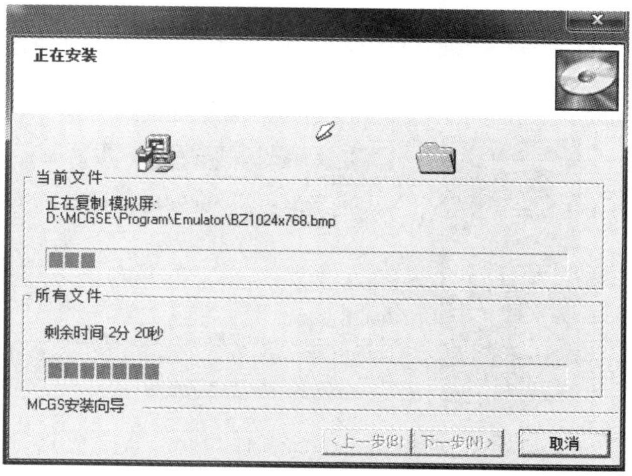

图 2-121　安装进度

（7）在"MCGS 嵌入版驱动安装"界面中，单击"下一步"按钮，如图 2-122 所示。

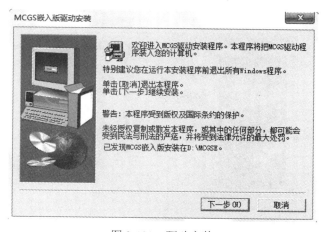

图 2-122　驱动安装

（8）在弹出的"MCGS 嵌入版驱动安装"对话框中，系统默认安装"所有驱动"，单击
"下一步"按钮，如图 2-123 所示。

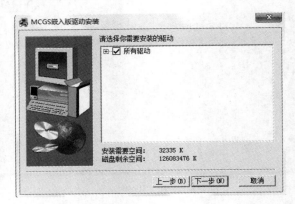

图 2-123　安装所有驱动

（9）在弹出的"MCGS 嵌入版驱动安装"对话框中，显示安装进度，如图 2-124 所示。

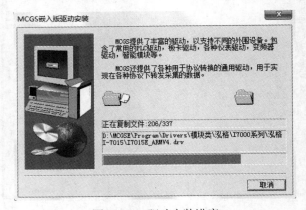

图 2-124　驱动安装进度

（10）等待几分钟后弹出"安装完成"对话框，在其中单击"完成"按钮，MCGS 嵌入
版软件安装完成，如图 2-125 所示。

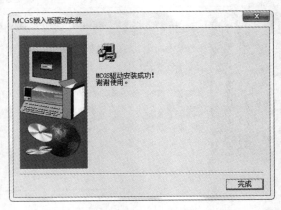

图 2-125　安装完成

安装完成后，Windows 操作系统的桌面上添加了两个快捷方式图标：![图标]和![图标]，分别用于启动 MCGS 嵌入式组态环境和模拟运行环境。

2. S7-1200 硬件设置系统存储器字节与时钟存储器字节

很多时候需要用到系统存储字中的第一个扫描周期，用来复位参数；需要用到系统时钟存储器作为时钟脉冲，这时就需要启动系统存储器字节和系统时钟存储器。S7-1200 硬件设置系统存储器字节与时钟存储器字节画面如图 2-126 所示。

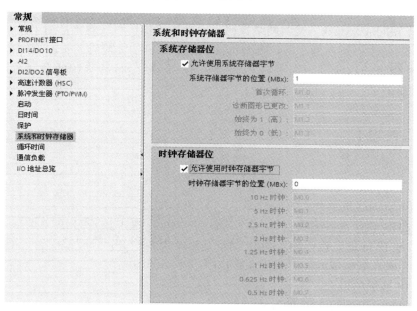

图 2-126 设置系统存储器字节与时钟存储器字节

将 MB1 设置为系统存储器字节后，该字节的 M1.0～M1.3 的含义如下：

M1.0（首次循环）：仅在进入 RUN 模式的首次扫描时为 1，以后为 0。

M1.1（诊断图形已更改）：CPU 登录了诊断事件时，在一个扫描周期内为 1。

M1.2（始终为 1）：总是为 1 状态，其常开触点总是闭合。

M1.3（始终为 0）：总是为 0 状态，其常闭触点总是闭合。

时钟脉冲是一个周期内 0 和 1 所占的时间各为 50%的方波信号，时钟存储器字节每一位对应的时钟脉冲的周期或频率如表 2-2 所示。

表 2-2 时钟脉冲周期/频率

位	7	5	4	3	2	1	0
周期/s	2	1	0.8	0.5	0.4	0.2	0.1
频率/Hz	0.5	1	1.25	2	2.5	5	10

CPU 在扫描循环开始时初始化这些位。以 M0.5 为例，其时钟脉冲的周期为 1s，如果用它的触点来控制某输出点对应的指示灯，指示灯将以 1Hz 的频率闪动，亮 0.5s，暗 0.5s。

3. IP 地址

IP（Internet Protocol，网际协议）地址又叫逻辑地址，是我们进行网络通讯的基础。为了使设备之间通过以太网实现相互通讯，网络连接的每一台设备必须分配一个网络编号，我们把这个编号称为 IP 地址。目前使用的 IP 地址是 32 位的，通常以点分十进制表示，每一个数的取值范围是 0～255，例如 192.168.0.1。

4. 子网掩码

子网掩码（Subnet Mask）又叫网络掩码、地址掩码、子网络遮罩，用来指明一个 IP 地址的哪些位标识的是主机所在的子网，哪些位标识的是主机的位掩码。子网掩码不能单独存在，它必须结合 IP 地址一起使用。子网掩码只有一个作用，就是将某个 IP 地址划分成网络地址和主机地址两部分。

【思考与练习】

理论题

1. 触摸屏 MCGS 的具体型号是什么？
2. 在 MCGS 软件设备编辑窗口中，"远端 IP 地址"栏中输入的 IP 地址是哪个设备的 IP 地址？在"本地 IP 地址"栏中输入的 IP 地址是哪个设备的 IP 地址？
3. MCGS 嵌入版生成的用户应用系统由哪五个部分构成？
4. 解释 IP 地址的概念。
5. 本工作站中用到的 PLC 的具体型号是什么？

实训题

根据工业机器人雕刻工作站系统的整体运行流程完成以下几部分内容：
（1）打开 Portal 软件，完成硬件组态和软件程序编写。
（2）打开触摸屏软件 MCGS 嵌入版，完成触摸屏工程项目的建立与画面编程。
（3）完成 MCGS 与 S7-1200PLC 通讯设置。
（4）完成工作站整体运行调试。

项目 3 工业机器人焊接实训系统应用

项目导读

随着先进制造技术的发展,实现焊接产品制造的自动化、柔性化与智能化已成为必然趋势。目前,采用机器人焊接已成为焊接自动化技术现代化的主要标志。焊接机器人由于具有通用性强、工作可靠的优点,受到了人们越来越多的重视。机器人焊接技术已经被广泛地应用在汽车制造行业中,使用机器人进行焊接可以提高焊接质量。

工业机器人焊接实训系统是专门针对工业机器人领域开发的一套实训教学系统。本实训工作站按照模块化结构进行设计,主要由六自由度 ABB 工业机器人 IRB1410、机器人控制柜与示教器、基础底板、气保焊机、CO_2 供气系统、送丝装置、焊枪、焊接工作台、移动式焊烟净化器、清枪剪丝站、静音气泵、安全围栏等组成。通过该项目的实训,学生可以掌握焊机机器人在焊接行业中的应用、工业机器人示教器的操作及使用、机器人焊接编程指令、焊接工作原理及参数设置、控制器 I/O 信号设置和监控等内容。学生熟练应用 ABB 机器人并完成操作机器人与焊接设备来焊接工件的实训任务,掌握机器人焊接所需的设备、过程和操作,实现真实的焊接场景。

教学目标

知识目标

- 了解工业机器人焊接工作站系统的设备组成。
- 掌握焊接工作站系统的工艺过程。
- 掌握焊接工作站工业机器人控制器 I/O 信号设置。
- 掌握焊接工作站工业机器人程序编写。
- 掌握焊接的工作原理及参数设定。
- 掌握焊接工作站 CO_2 供气系统的开关和参数设置。
- 掌握焊接工作站系统调试与运行的基本方法和步骤。
- 掌握焊接工作站系统的安全操作与注意事项。

技能目标

- 能够概述工业机器人焊接工作站系统的整体设备组成。
- 能够对焊接工作站系统的工艺过程进行分析。
- 能够完成工业机器人控制器 I/O 信号设置。
- 能够完成焊接工作站 CO_2 供气系统的开关和参数设置。

- 能够完成焊接工作站工业机器人系统程序编写。
- 能够完成对焊接参数的设置。
- 能够完成焊接工作站系统的调试与运行。
- 能够遵守焊接工作站系统的安全操作规程。

素质目标

- 将整理、整顿、清扫进行到底，并且制度化，经常保持环境处在美观的状态（企业6S管理之四——清洁）。
- 培养每位学生养成良好的习惯并遵守规则做事，培养积极主动的精神（企业6S管理之五——素养）。
- 培养学生重视安全，每时每刻都有安全第一的观念，防患于未然（企业6S管理之六——安全）。

任务 1　工业机器人焊接工作站整体认知

【任务描述】

工业机器人焊接实训系统是根据焊接对象的性质和焊接工艺的要求，利用焊接机器人，通过示教编程的方式完成工件的焊接。

由六自由度ABB工业机器人IRB1410、机器人控制柜与示教器、基础底板、气保焊机、CO_2供气系统、送丝装置、焊枪、焊接工作台、移动式焊烟净化器、清枪剪丝站、静音气泵、安全围栏等组成。

能够准确描述工业机器人焊接实训系统的组成部分、各部分设备在系统中的作用、工作原理、工作流程以及工作站的操作流程。

【任务分析】

本任务通过对工业机器人焊接实训系统工作站中各部分的认知，能够清晰地描述整个工作站的工艺流程及操作要领，进而对工作站有整体的认知，为后续任务的学习奠定基础。

【任务目标】

- 了解工业机器人焊接实训系统的组成部分。
- 掌握工业机器人焊接实训系统各部分设备的功能及工作原理。

【相关知识】

1. 工业机器人焊接实训系统工作站的组成

工业机器人焊接实训系统是专门针对工业机器人领域开发的一套实训教学系统。本实训工作站按照模块化结构进行设计，主要由基础底板、六自由度ABB工业机器人IRB1410、机器人控制柜与示教器、气保焊机、焊枪、CO_2 供气系统、送丝机构、焊接工作台、移动式焊烟净化器、清枪剪丝站、安全围栏等组成，如图 3-1 所示。

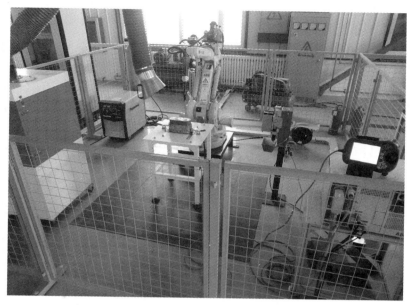

图 3-1　工业机器人焊接实训系统工作站整体结构

2. 基础底板

工业机器人下部配基础底板（也称底座），避免地脚螺栓固定。独立基础底板是基础的抵抗弯矩的受力钢板，使双向受力均匀分布。一方面建立设备基础，用以架构设备的支撑基础，并在此基础上安装机器人；另一方面利用基础底板的工艺结构起到机器人的定位作用。基础底板尺寸为 770×730×200mm，如图 3-2 所示。

图 3-2　IRB1410 工业机器人底座

3．工业机器人系统

工业机器人系统由 IRB1410 工业机器人、底座、机器人控制柜和示教器组成。

IRB1410 焊接机器人的优势如下：

（1）可靠性。IRB1410 以其坚固可靠的结构而著称，而由此带来的其他优势是噪音水平低、例行维护间隔时间长、使用寿命长。

（2）准确性。卓越的控制水平和循径精度（+0.05mm）确保了出色的工作质量。

（3）坚固。该机器人工作范围大、到达距离长（最长 1.44m）。承重能力为 5kg，上臂可承受 18kg 的附加载荷。这在同类机器人中绝无仅有。

（4）高速。机器人本体坚固，配备快速精确的 IRC5 控制器，可有效缩短工作周期，提高生产率。

（5）集成弧焊。机器人手臂上的送丝机构，配合 IRC5 使用的弧焊功能以及专利的单点编程示教器，适合弧焊的应用。

IRB1410 工业机器人本体结构图如图 3-3 所示。

图 3-3　IRB1410 工业机器人本体结构图

4．气保焊机

本工作站选用松下 GL4 系列全数字控制脉冲 MIG/MAG 焊机，型号为 YD-350GL4。GL4 系列全数字控制脉冲 MIG/MAG 焊机采用松下第四代全数字焊机平台，能焊接多种材料，在宽泛的电流领域内提升了电弧稳定性，焊接飞溅小，成型好。

标配 Root 根焊功能，可选配深透弧 Deepen（大熔深）功能，适用材质为碳钢、不锈钢、铝、镀锌板、高强钢（焊接不同的材质，需要选择相应的配置），适用行业为汽车、机械制造、机车、造船、钢结构等。YD-350GL4 焊机外形如图 3-4 所示。

图 3-4　YD-350GL4 气保焊机

YD-350GL4 焊机技术参数如表 3-1 所示。

表 3-1　YD-350GL4 焊机技术参数

名称	全数字脉冲 MIG/MAG 焊机	型号	YD-350GL4
控制方式	数字 IGBT 控制	额定负载持续率	60%
额定输入电压	AC380V	焊接方式	CO_2/MAG/MIG/脉冲 MIG/脉冲 MAG
输入电源频率	50/60Hz	调整模式	个别/一元化
额定输入容量	17.6 kVA	绝缘等级	H
额定输出电流	DC 350 A	冷却方式	强制风冷
额定输出电压	31.5V	整机重量	68kg

GL4 主要通过双 CPU 控制、高速 CPLD 控制及数字送丝装置相融合的全数字控制技术，保证整体系统的高性能。通过编码器速度反馈控制、四轮双驱送丝方式，实现高精度的焊丝送给。在焊接过程中送丝机负荷变化或网压波动时，也能保证各种焊丝全电流范围的稳定焊接。

YD-350GL4 焊机的焊接优点如下：

（1）优秀焊接性能的实现。32 位 CPU，全数字控制，覆盖 0.8～1.6 丝径，可对应从薄板到厚板的多种焊接要求，适用母材板厚范围更广。

（2）实用的焊接管理功能。可以将设定的最佳规范进行存储和快速调用，最多可存储和调用 100 组焊接规范，可以对焊接规范进行只读锁定。

（3）采用带有高精度编码器的电机的送丝机。送丝装置采用带有编码器的送丝电机，能确保焊丝的精确送给，实现焊缝质量的一致性。即使电源电压、送丝阻力等外部因素发生变化，仍能保证送丝的稳定。由于送丝的稳定，确保了焊机在不同环境下都能再现相同的焊接条件。

（4）采用两点送丝，送丝力强劲，对不锈钢焊丝、药芯焊丝及加长焊枪都能实现稳定送丝。

（5）极好的引弧性能和消熔球技术。通过起弧时的能量增强技术，大幅度提高引弧成功率，减少引弧段的焊缝缺陷。通过焊接终了时检测送丝速度自动调整输出能量，得到理想的熔球状态，提高了下次引弧的成功率，可实现高品质点焊。

（6）标配 RootWelding 根焊功能。通过对熔滴过渡的精确控制，可有效降低燃弧能量，轻松实现打底焊和全位置焊接、薄板超大间隙填充焊。

（7）通过联网实现远程监控管理。焊机的标准配置带有联网扩展接口，通过附加 LAN 转换器（选购）和联网软件，可实现焊机联网监控。

（8）输出端采用快速接头，方便快捷。

5. CO_2 供气系统

供气系统的作用是将保存在钢瓶中呈液态的二氧化碳在需用时变成有一定流量的气态二氧化碳。供气系统由 CO_2 气瓶、气压调节器、手动阀门组成，如图 3-5 所示。

图 3-5　CO_2 供气系统

气压调节器是气体的减压和流量调节装置，作用是在弧焊系统中保证气体在焊接时以适宜的流量平稳地从气瓶中输出，确保焊接电弧的稳定。其中，CO_2 气体调节器还具有对液化气体的加热功能。

6. 送丝装置

送丝装置是指在 CO₂/MAG/MIG 弧焊系统中的焊丝送给装置，一端接焊接电源，另一端与焊枪连接。按与电源的通讯方式分为模拟式送丝机和数字式送丝机；按送丝方式范围分为单轮驱动送丝机、双轮驱动送丝机、四驱送丝机；按焊丝的防护方式分为封闭式送丝机和非封闭式送丝机。送丝装置如图 3-6 所示。

图 3-6　送丝装置

7. 焊枪

焊枪是指在 CO_2/MAG/MIG 弧焊系统中执行焊接操作的部件，是用于气焊的工具，形状像枪，前端有喷嘴，喷出高温火焰作为热源。焊枪与送丝装置连接，通过接通开关产生电弧进行焊接。焊枪利用焊接电源的高电流、高电压产生的热量聚集在焊枪终端熔化焊丝，熔化的焊丝渗透到需焊接的部位，冷却后，被焊接的物体牢固地连接成一体，以满足焊接工艺的要求。焊枪如图 3-7 所示。

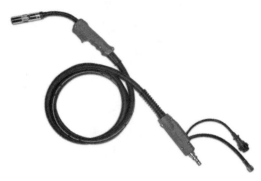

图 3-7　焊枪

8. 焊接工作台与金属盒体工件

工作站工件采用钣金材质盒体工件，通过手动夹钳固定放置于固定工作台上，由工作台型钢焊接或铝型材搭建而成，上部喷塑钢板，尺寸为 550×550×750mm，如图 3-8 所示。工作站采用钣金焊接盒体工件，最大外为形尺寸为 290×110mm，如图 3-9 所示。

9. 清枪剪丝站

焊枪在经过一段时间的焊接后，内壁会积累大量的焊渣，影响焊接质量，因此需要使用焊枪清理装置定期清理。清枪剪丝站专门为机器人焊接系统设计，设备包含剪丝装置、清枪装置、喷防飞溅液装置，通过机器人控制完成剪丝、清枪、喷防飞溅液等功能。

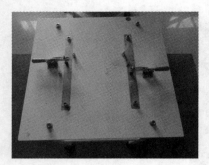

图 3-8　固定式焊接工作台

图 3-9　金属盒体工件

剪丝装置：焊枪到达指定位置，机器人给出剪丝信号剪丝，去掉焊丝前端结球，同时保证了焊丝干伸长的一致性。

清枪装置：焊枪到达指定位置，机器人给出清枪信号，夹紧机构将喷嘴夹紧，铰刀旋转上移，清除喷嘴和导电嘴残留的焊渣。

喷防飞溅液装置：焊枪在独立密闭的空间里，机器人给出喷防飞溅液信号，防飞溅液均匀喷洒在喷嘴、导电嘴表面。清枪剪丝站如图 3-10 所示。

图 3-10　清枪剪丝站

清枪剪丝站技术参数如表 3-2 所示。

表 3-2　清枪剪丝站技术参数

控制方式	气动
气源	无油干燥压缩空气，6bar
启动信号	24VDC
清枪时间	约 4～5s
防飞溅液喷射量	可调节
防飞溅液容量	500mL
剪丝功能	最大可以剪直径 1.6mm 的钢焊

10.移动式焊接烟尘净化器

蓝世经济型焊接烟尘净化器，是一款专门针对治理焊接、切割、打磨时产生在空气中大量悬浮对人体有害的细小金属颗粒而设计的净化装置，适用于单双工位，净化效率高，轻巧灵活，配有 2～3 米长的万向吸气臂，在不同的工作地点移动更方便灵活，操作方便。蓝世经济型焊接烟尘净化器如图 3-11 所示。

图 3-11 蓝世经济型焊接烟尘净化器

经济型焊接烟尘净化器具有的设备优势如下：

（1）过滤尘埃粒子，净化有毒有害气体，减少对环境和人类健康的危害。

（2）耗电量小，使用哪个工位就开哪台机器，并且吸力可调。

（3）过滤净化率高，0.3μm 尘埃粒子滤净率可达 99.96%。

（4）清洁护理方便快捷。

（5）不把车间冷气抽走，减少空调电费。

（6）移动灵活便捷，可根据作业需求的变化而移动。

（7）净化空气。

（8）噪音小，为 45～60dB，不影响员工及工厂周边居民。

蓝世经济型焊接烟尘净化器技术参数如表 3-3 所示。

表 3-3 蓝世经济型焊接烟尘净化器技术参数

电压范围	220V/380V
电机功率	750W
系统流量（含过滤装置）	1200m^3
过滤效率	99.9%
吸烟臂	L1200mm
静压	1100Pa
噪音	小于 65dB
尺寸（长/宽/高）	55×55×125.5 cm

11. 静音气泵

工作站配置上海捷豹无油静音气泵，排量大，噪音低。捷豹气泵默认型号为 FB36/7；输出压力：最大 7bar；流量：102L/min；储气罐容量：9L；噪音量：66dB；压缩机：220V/50 Hz，0.55kW，如图 3-12 所示。

图 3-12　静音气泵

12. 安全围栏

工作站四周采用安全围栏进行隔离防护，外形尺寸（长×宽×高）为 3800×3600×1300mm，如图 3-13 所示。

图 3-13　围栏

【任务示范】

工业机器人焊接实训系统工作站的运行流程如下：

（1）打开系统总电源。

（2）打开气源，等待气压稳定。

（3）打开机器人电源，等待机器人启动。

（4）检查控制柜工作模式旋钮是否为自动，如果是手动模式，则切换到自动模式，如果是自动模式，按下伺服上电按钮，确认白色指示灯点亮，如图 3-14 所示。

（5）打开焊机电源，根据焊接件材质及厚度，对照焊机说明书，调节电流、电压参数。

（6）打开 CO_2 供气系统阀门，供气正常。

（7）将移动式焊接烟尘净化器通电，按下"启动"按钮启动设备工作，按钮如图 3-15 所示。

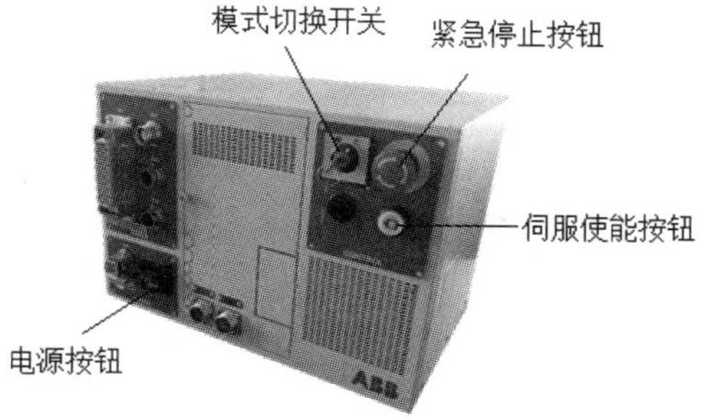

图 3-14　ABB 机器人电柜伺服使能按钮常亮

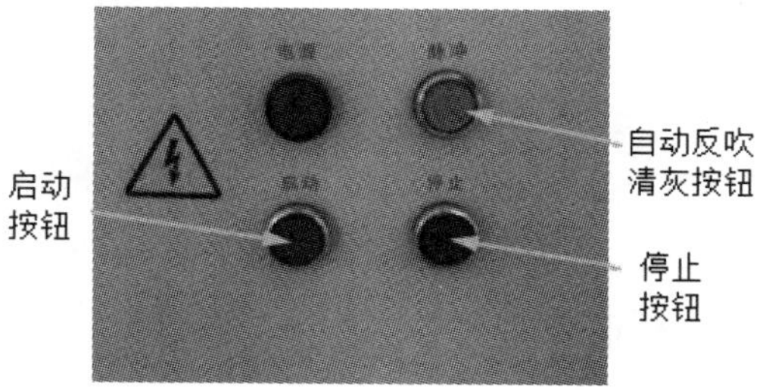

图 3-15　移动式焊接烟尘净化器控制按钮

（8）检查示教器上机器人的运行速度，默认速度为 100%，为确保机器人运行安全，运行速度设置为 50% 以下。在示教器上的程序界面中单击"PP 移至 main"，在弹出窗口中单击"确认"按钮（程序指针移至首行）。

（9）单击机器人示教器启动按钮运行机器人程序。

机器人进行焊接工作时要注意安全，人员不得进入安全围栏内。

【技能实训】

ABB 焊接工作站认知任务考核评分表

序号	考核内容	考核方式	考核标准	权重	成绩
1	机器人焊接工作站的整体结构	理论	能介绍焊接工作站工作站的组成	40%	
2	机器人焊接工作站工艺流程	理论	能描述工作站所要完成的工作	30%	
3	机器人手/自动切换	实操	能切换机器人手/自动运行模式	10%	
4	开关 CO_2 供气系统阀门	实操	能开关 CO_2 供气系统阀门	10%	
5	开关气保焊机	实操	能开关开关气保焊机电源	10%	

【知识拓展】

1. 二氧化碳（CO_2）气体保护焊注意事项

（1）按标准穿戴好劳保用品。

（2）焊机应放置在距墙和其他设备 300 毫米以外的地方，应通风良好，不得放置在日光直射、潮湿和灰尘较多处。

（3）检查 CO_2 气体减压阀和流量计，安装螺母应紧固，减压阀和流量计的气体入口和出口处不得有油污和灰尘。

（4）焊接过程中如发现焊机冒烟等故障现象，必须停机检查，不得带病使用。

（5）不准在带压、带气、带电设备上进行焊接，特殊情况必须焊接时，应制定周密的安全措施，并报上一级批准。

（6）禁止在储有易燃、易爆物品的房间内进行焊接，如必须焊接，焊接点距易燃、易爆物品最小水平距离不小于 5 米，并根据现场情况采取可靠的安全措施。

（7）在可能引起火灾的场所附近焊接时，必须备有必要的消防器材。焊接人员离开现场时，必须检查现场，确保无火种留下。

（8）随时清除粘附在喷嘴上的金属飞溅物。

（9）随时注意 CO_2 气瓶中 CO_2 气体存量，剩余压力不得小于 1MPa。

（10）作业结束后，断开电源，清理卫生。

2. 伺服无法上电

本系统有两个急停按钮，分别位于机器人控制柜和机器人示教器，任何一个按钮按下都会导致伺服无法上电。如果发生这种情况，应检查各急停按钮是否被按下。

3. 机器人程序错误

如果在启动演示程序前打开或编辑过其他程序，则必须先加载演示程序，具体步骤如下：

（1）机器人控制柜模式切换旋钮旋转到手动模式。

（2）在示教器界面上，单击左上角的菜单按钮，在弹出菜单中选择"程序编辑器"，如图 3-16 所示。

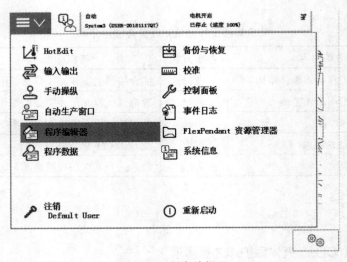

图 3-16　程序编辑器

（3）单击"任务与程序"按钮，如图 3-17 所示。

（4）单击"文件"按钮，在弹出菜单中选择"加载程序"，如图 3-18 所示。

（5）弹出对话框中选择是否保存，一般选择"不保存"即可，确有需要保存的可以选择"保存"，如图 3-19 所示。

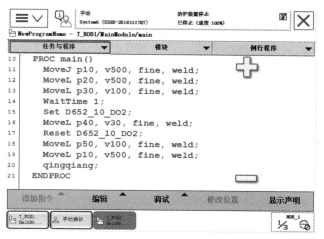

图 3-17　任务与程序

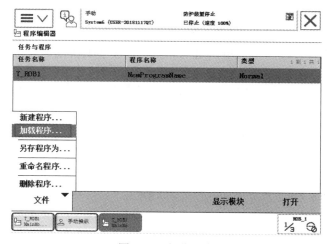

图 3-18　加载程序

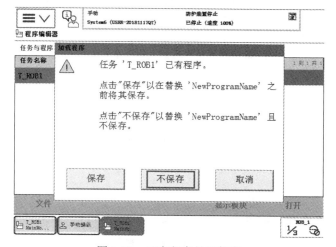

图 3-19　已有程序是否保存

（6）在弹出的界面中单击"上一级菜单"按钮，如图 3-20 所示。

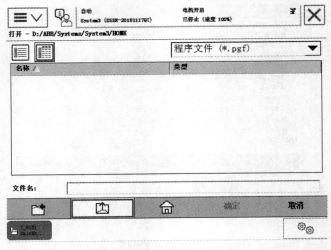

图 3-20　上一级菜单

（7）选择机器人程序文件夹，单击进入即可，如图 3-21 所示。

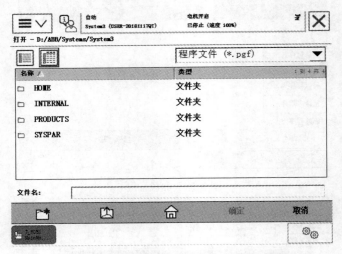

图 3-21　选择机器人程序文件夹

4. 模式切换

机器人程序自动运行需要选择自动模式，模式切换旋钮在机器人控制柜上，有自动、手动两种模式，应选择自动模式。如果在手动模式则无法启动机器人程序。该错误对应事件消息：20074。

5. 电机关闭

机器人每次模式切换都需要重新使伺服上电。当出现电机关闭提示时按下"伺服上电"按钮，白色指示灯点亮即可。该错误对应事件消息：20072。

【思考与练习】

理论题

1. 工业机器人焊接工作站由几部分组成？各部分完成什么功能？
2. IRB1410 焊接机器人的优势有哪些？
3. CO_2 供气系统由哪几部分组成？简要叙述各部分的功能。
4. 概述气保焊机的工作原理。
5. 概述焊枪的工作原理。

实训题

按照安全操作流程启动机器人与焊机系统的电源，启动气源系统，启动机器人，调节焊机参数，操作示教器，完成工业机器人焊接工作站系统演示程序的运行。

任务 2　焊接工作站机器人系统程序设计

【任务描述】

1. 焊接机器人安全操作规程。
2. ABB 机器人的硬件连接。
3. ABB 机器人 I/O 信号配置。
4. 建立输入输出信号。
5. 建立焊接工作站的工具坐标。
6. 根据任务要求设计机器人程序。

【任务分析】

焊接工作站机器人系统程序设计包括以下几部分内容：

（1）焊接工艺。

焊接工艺至关重要，不同的焊接工件焊接工艺有所不同。主要考虑以下 3 个方面：

- 焊接顺序。工件的焊接顺序是指工件以何种顺序进行焊接工作，工件一般的工作顺序都是来自于手工焊接，但机器人焊接有它自己的一些特点，工件的焊接顺序要在原手工的基础上进行必要的修改来满足机器人焊接的需求。
- 机器人焊接参数。机器人的焊接参数一般与自动焊接设备的要求相似，可以以工件现有的手工焊接参数为基础进行必要的试验来取得。由于机器人的焊接连续性和稳定性，最终的焊接要求可以略小于手工焊接的要求，具体参数值要通过工艺评定确认。
- 机器人焊接程序编制。机器人程序的编制有着自己的规律，主要是保证在运行过程中机器人自身的安全性和焊接质量的稳定，同时程序要简明、易检查、效率高。

在机器人焊接之前，一定要掌握工件的焊接工艺规程，安全操作。

（2）ABB 机器人的硬件连接。

了解工业机器人焊接工作站 ABB 机器人的硬件连接。

（3）ABB 机器人的 I/O 配置。

对 ABB 机器人的标准 I/O 板 DSQC652 进行输入输出信号的配置，编程时才可以调用输入输出指令。

（4）建立输入输出信号。

在了解了 ABB 机器人标准 I/O 板 DSQC652 的基础上，在示教器上建立需要的输入输出信号，为后续程序编写时调用输入输出信号做好准备。

（5）建立焊接工作站工具坐标。

工业机器人工具坐标的建立在项目 2 中已有详细介绍，请参考项目 2 工具坐标的建立。

（6）焊接工作站机器人程序设计。

根据焊接工作站机器人的工艺编写机器人程序流程图。

【任务目标】

- 能够明确焊接安全操作规程。
- 能够完成 ABB 机器人标准 I/O 板 DSQC652 输入输出信号的配置。
- 能够正确完成焊接工作站工具坐标和工件坐标的建立。
- 能够根据焊接工作站机器人的工艺流程图编写机器人程序。
- 能够根据焊接机器人工艺流程图对程序进行设计、运行调试等。

【相关知识】

1. ABB 机器人的 I/O 通讯

机器人提供了丰富的 I/O 通信接口，可以轻松地与周边设备实现通信，如表 3-4 所示。

表 3-4　ABB 机器人的 I/O 通讯种类

PC	现场总线	ABB 标准
RS-232 通信	Device Net	标准 I/O 版
OPC Server	Profibus	PLC
Socket Message	Profibus-DP	
	Profinet	
	EtherNet IP	

2. ABB 标准 I/O 板类型说明

ABB 标准 I/O 板是挂在 DeviceNet 网络上的，所以要设定模块在网络中的地址。

ABB 标准 I/O 板提供的常用信号有数字输入 DI、数字输出 DO、模拟输入 AI、模拟输出 AO 和输送链跟踪。常用的 ABB 标准 I/O 板如表 3-5 所示。

表 3-5　常用的 ABB 标准 I/O 板

型号	说明
DSQC651	分布式 I/O 模块 DI8\DO8 AO2
DSQC652	分布式 I/O 模块 DI16\DO16
DSQC653	分布式 I/O 模块 DI8\DO8 带继电器
DSQC355A	分布式 I/O 模块 AI4\AO4
DSQC377A	输送链跟踪单元

3. ABB 标准 I/O 板 DSQC652

DSQC652 是一款 16 点数字量输入和 16 点数字量输出的 I/O 信号板，图 3-22 中的 X1 和 X2 是数字量输出端子，图 3-22 中 X3 和 X4 是数字量输入端子。每个接线端子有 10 个接线柱，对于信号输出 X1 和 X2 而言，1～8 号为输出通道，9 号为 0V，10 号为 24V+；对于信号输入 X3 和 X4 而言，1～8 号为输入通道，9 号为 0V，10 号未使用。

A：数字输出信号指示灯。

B：X1、X2 数字输出接口。

C：X5 是 DeviceNet 接口。

D：模块状态指示灯。

E：X3、X4 数字输入接口。

F：数字输入信号指示灯。

信号表示如图 3-23 所示。

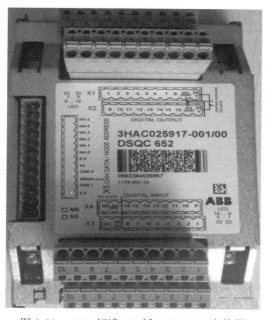

图 3-22　ABB 标准 I/O 板 DSQC652 实物图

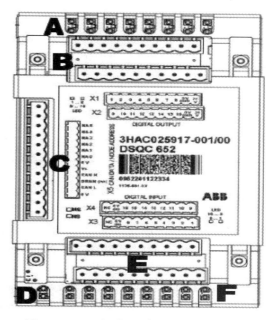

图 3-23　ABB 标准 I/O 板 DSQC652 示意图

X1、X2 接线端子的定义及地址分配如表 3-6 所示。

表 3-6　X1、X2 端子接口说明

X1 端子编号	使用定义	地址分配	X2 端子编号	使用定义	地址分配
1	OUTPUT CH1	0	1	OUTPUT CH9	8
2	OUTPUT CH2	1	2	OUTPUT CH10	9
3	OUTPUT CH3	2	3	OUTPUT CH11	10
4	OUTPUT CH4	3	4	OUTPUT CH12	11
5	OUTPUT CH5	4	5	OUTPUT CH13	12
6	OUTPUT CH6	5	6	OUTPUT CH14	13
7	OUTPUT CH7	6	7	OUTPUT CH15	14
8	OUTPUT CH8	7	8	OUTPUT CH16	15
9	0V		9	0V	
10	24V		10	24V	

X3、X4 接线端子的定义及地址分配如表 3-7 所示。

表 3-7　X3、X4 端子接口说明

X3 端子编号	使用定义	地址分配	X4 端子编号	使用定义	地址分配
1	INPUT CH1	0	1	INPUT CH9	8
2	INPUT CH2	1	2	INPUT CH10	9
3	INPUT CH3	2	3	INPUT CH11	10
4	INPUT CH4	3	4	INPUT CH12	11
5	INPUT CH5	4	5	INPUT CH13	12
6	INPUT CH6	5	6	INPUT CH14	13
7	INPUT CH7	6	7	INPUT CH15	14
8	INPUT CH8	7	8	INPUT CH16	15
9	0V		9	0V	
10	24V		10	24V	

4. 机器人基本指令

（1）MoveAbsJ：把机器人移动到绝对轴位置。

用途：MoveAbsJ（绝对关节移动）用来把机器人或者外部轴移动到一个绝对位置，该位置在轴定位中定义。

以机器人回到"机械原点"为例说明 MoveAbsJ 指令的用法，操作如下：打开示教器主程序，单击<SMT>，再单击"添加指令"，在弹出的 Common 选项中单击 MoveAbsJ，如图 3-24 所示。

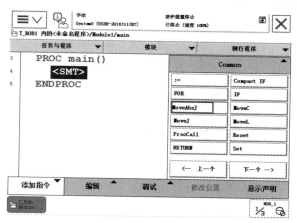

图 3-24 添加 MoveAbsJ 指令

在出现的程序语句 MoveAbsJ *中单击*，单击"调试"，在弹出的界面中单击"查看值"，如图 3-25 所示。

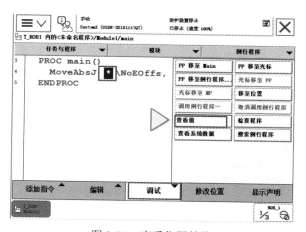

图 3-25 查看位置的值

在弹出的界面中，修改 rax_1～rax_6 的值为 0，然后单击"确定"按钮，如图 3-26 所示。

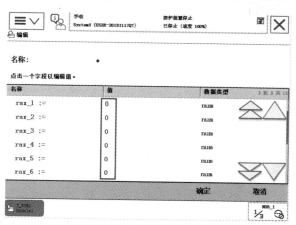

图 3-26 修改值

修改完的 MoveAbsJ 程序语句如图 3-27 所示。当本行程序运行时，机器人执行回到机械原点的位置。

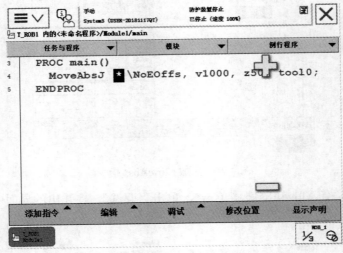

图 3-27　完成的 MoveAbsJ 语句

（2）赋值指令：用于对编程时的程序数据的赋值，符号为"：="，赋值对象是常量或数学表达式。

常量赋值：reg1:=18;

数学表达式赋值：reg2:=reg1+18;

以添加赋值指令"reg1:=18;"为例，操作如下：

在示教器主程序中，单击<SMT>，再单击"添加指令"，在弹出的 Common 指令列表框中单击"：="，如图 3-28 所示。

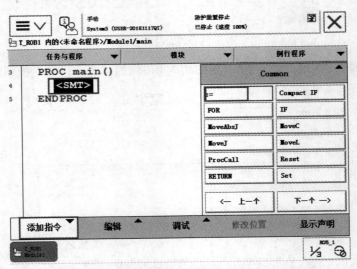

图 3-28　添加赋值指令

在弹出的插入表达式界面中，单击<VAR>，再单击 reg1，如图 3-29 所示。

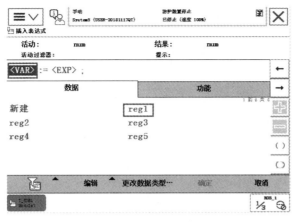

图 3-29　修改赋值变量

在弹出的界面中，单击<EXP>，再单击"编辑"按钮，选择"仅限选定内容"，如图 3-30 所示。

图 3-30　修改赋值变量表达式

在插入表达式界面中，单击键盘上的"8"，再单击"确定"按钮，如图 3-31 所示。

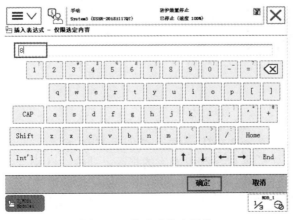

图 3-31　修改赋值变量值

在插入表达式界面中，单击"确定"按钮，如图 3-32 所示。

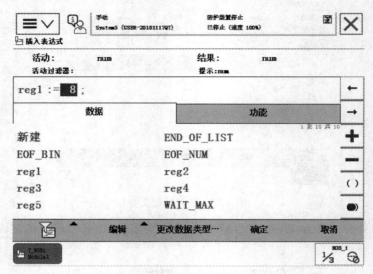

图 3-32　赋值指令确定

在主程序中一条赋值指令已经被添加，如图 3-33 所示。

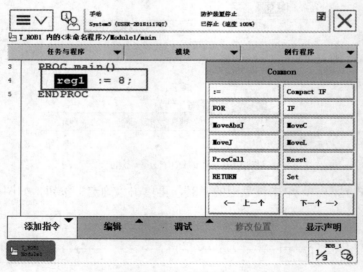

图 3-33　赋值指令语句

5. RAPID 程序结构

ABB 机器人的编程语言是 RAPID 语言，类似于 VB，编程方式类似于组态软件 MCGS。

RAPID 程序中包含了一连串控制机器人的指令，执行这些指令可以实现对 ABB 机器人的控制操作。应用程序是使用称为 RAPID 编程语言的特定词汇和语法编写而成的。RAPID 是一种英文编程语言，所包含的指令可以移动机器人、设置输出、读取输入，还能实现决策、重复其他指令、构造程序、与系统操作员交流等功能。RAPID 程序基本架构如表 3-8 所示。

表 3-8　RAPID 程序基本架构

程序模块 1	程序模块 2	程序模块 3	程序模块 4
程序数据			
主程序 main	程序数据	…	程序数据
例行程序	例行程序	…	例行程序
中断程序	中断程序	…	中断程序
功能	功能	…	功能

ABB 机器人的 RAPID 程序通常由以下 3 个不同的部分组成：

● 一个主程序。

● 几个子程序（例行程序）。

● 程序数据。

ABB 机器人的 RAPID 程序的说明如下：

（1）RAPID 程序由程序模块与系统模块组成。一般地，只通过新建程序模块来构建机器人的程序，而系统模块多用于系统方面的控制。

（2）可以根据不同的用途创建多个程序模块，如专门用于主控制的程序模块、用于位置计算的程序模块、用于存放数据的程序模块，这样便于归类管理不同用途的例行程序与数据。

（3）每一个程序模块包含了程序数据、例行程序、中断程序和功能 4 种对象，但不一定在一个模块中都有这 4 种对象，程序模块之间的数据、例行程序、中断程序和功能是可以互相调用的。

（4）在 RAPID 程序中，只有一个主程序 main，并且存在于任意一个程序模块中，作为整个 RAPID 程序执行的起点。

（5）所有例行程序与数据无论存在于哪个模块，全部被系统共享；所有例行程序与数据除特殊定义外，名称必须是唯一的。

（6）USER 模块与 BASE 模块在机器人冷启动后自动生成。

以建立 RAPID 程序为例，操作如下：

（1）在示教器上单击"程序编辑器"，如图 3-34 所示。

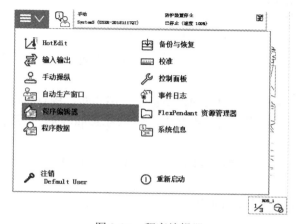

图 3-34　程序编辑器

（2）在弹出的"无程序"对话框中，提示"不存在程序。是否需要新建程序，或加载现有程序？"单击"新建"按钮，如图3-35所示。

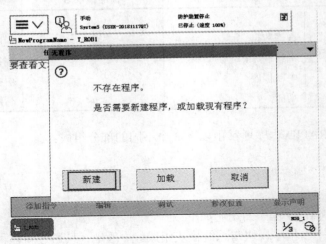

图3-35　新建

（3）在弹出的界面中，打开主程序main()，如图3-36所示。

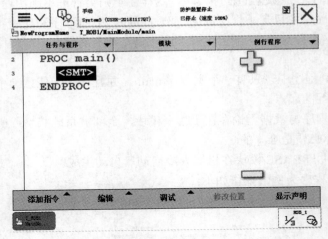

图3-36　主程序

（4）单击"例行程序"按钮，在弹出的例行程序界面中显示例行程序名称、模块名称和类型名称等信息，如图3-37所示。

（5）单击"文件"菜单，在弹出的列表框中单击"新建例行程序"，如图3-38所示。

（6）在弹出的"例行程序声明"界面中，名称为Routine1，修改例行程序的名称，单击ABC按钮，如图3-39所示。

（7）在弹出的键盘界面中，输入要更改的例行程序的名称，例如输入test1，单击"确定"按钮，如图3-40所示。

（8）在弹出的例行程序声明界面中，显示例行程序名称、所属模块名称等信息，单击"确定"按钮，如图3-41所示。

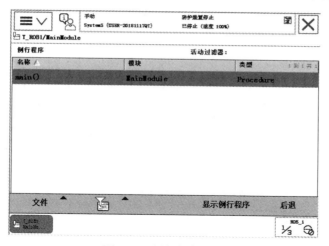

图 3-37　例行程序信息

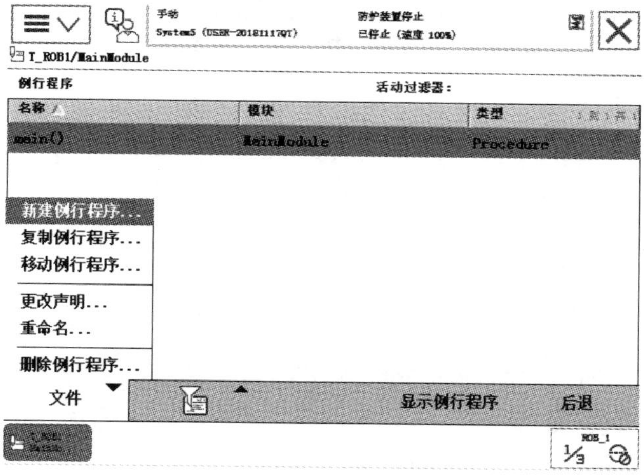

图 3-38　新建例行程序

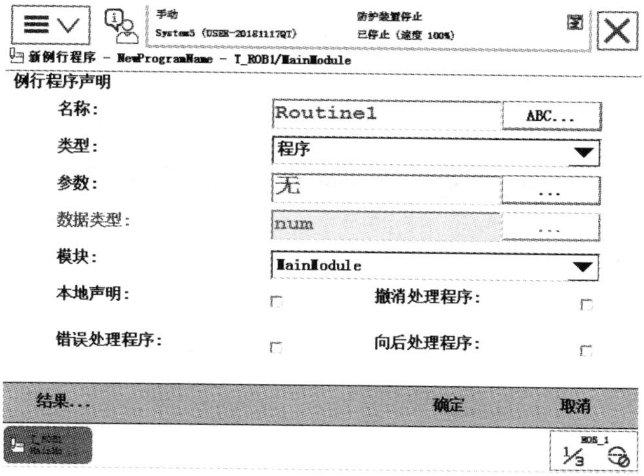

图 3-39　例行程序信息

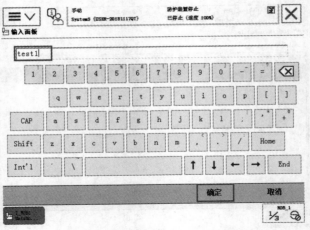

图 3-40 修改例行程序名称

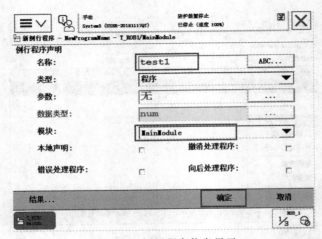

图 3-41 例行程序信息显示

在弹出的例行程序界面中新增加了一个例行程序 test1，如图 3-42 所示。

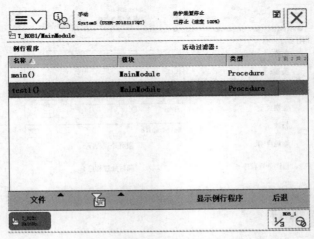

图 3-42 新建的例行程序模块

（9）单击"显示例行程序"按钮，弹出例行程序 test1 的编辑界面，可以在其中输入程序指令，如图 3-43 所示。

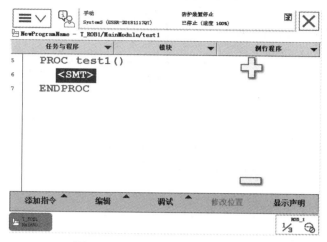

图 3-43　新建的例行程序编辑界面

6. 程序数据

（1）程序数据的概念。

ABB 机器人的程序数据共有 76 个，并且可以根据实际情况进行程序数据的创建，为 ABB 机器人的程序设计带来了无限可能性。程序数据是在程序模块或系统模块中设定的值和定义的一些环境数据。创建的程序数据由同一个模块或其他模块中的指令进行引用。

下面一条常用的机器人关节运动指令 MoveJ 调用了 4 个程序数据，如表 3-9 所示。

程序示例：MoveJ p10, v100, z50, tool0;

表 3-9　程序数据

程序数据	数据类型	说明
p10	robtarget	机器人运动目标位置数据
v1000	speeddata	机器人运动速度数据
z50	zonedata	机器人运动转弯数据
tool0	tooldata	机器人工作数据 TCP

（2）常用的程序数据。

根据不同的数据用途，定义了不同的程序数据。机器人系统中常用的程序数据如表 3-10 所示。

表 3-10　机器人系统中常用的程序数据

程序数据	说明	程序数据	说明
bool	布尔量	loaddata	负荷数据
byte	整数数据 0~255	mecunit	机械装置数据

程序数据	说明	程序数据	说明
clock	计时数据	num	数值数据
dionum	数字输入/输出信号	orient	姿态数据
extjoint	外轴位置数据	pos	位置数据（只有 X、Y 和 Z）
intnum	中断标志符	pose	坐标转换
jointtarget	关节位置数据	robjoint	机器人轴角度数据
string	字符串	robtarget	机器人与外轴的位置数据
tooldata	工具数据	speeddata	机器人与外轴的速度数据
zonedata TCP	转弯半径数据	wobjdata	工件数据

【任务示范】

1. 焊接机器人安全操作规程

为规范焊接机器人操作、控制产品的焊接质量、确保产品符合客户要求、加强对设备操作的规范，以保证设备合理利用，焊接机器人必须遵守以下操作规程：

（1）操作前：

- 必须进行设备开机前点检，确认设备完好才能开机工作。
- 检查电压、气压、指示灯显示是否正常，焊接夹具是否完好，工件安装是否到位。
- 检查清理现场，确保没有易燃易爆物品（如油抹布、废弃的油手套、油漆、稀料等）。

（2）工作时：

- 开机时必须确认机器人动作区域内没有其他工作人员。
- 穿戴长袖的工作服装、工作手套，戴上防护眼镜，不要穿暴露脚面的鞋子，防止焊渣烫伤。
- 手指、毛发、衣物等不要靠近送丝装置的旋转部位，谨防卷入发生事故。
- 操作时要精细专心，工件要摆放到位，夹具工装的压紧装置必须压牢，取下焊接完毕的工件时必须远离焊接部位。
- 焊接工作进行时，严禁其他人员进入机器人动作范围区域。
- 如发现机器人工作时异常或焊接质量发生问题，应立即停机报修，非专业人员不可擅动。
- 清理现场、擦拭机器人本体、调试、维护等工作必须在停机后方可进行。

（3）停机后：

- 关闭气路装置，切断设备电源。
- 焊接区域内的焊瘤、尘渣、杂物打扫干净，擦净机器人本体、电气箱等部位，做好设备的点检记录。

2. ABB 机器人控制器面板

2015 年 1 月 7 日，ABB 宣布推出第二代 IRC5C 紧凑型工业机器人控制器。作为 IRC5 控制器家族的一员，第二代 IRC5C 将同系列常规控制器的绝大部分功能与优势浓缩于仅 310mm（高）×449mm（宽）×442mm（深）的空间内。

IRC5C 虽然机身小巧，但其卓越的运动控制性能毫不亚于常规尺寸的控制器。IRC5C 配备以 TrueMove 和 QuickMove 为代表的运动控制技术，为 ABB 机器人在精度、速度、节拍时间、可编程性及外部设备同步性等指标上展现杰出性能奠定了坚实基础。有了 IRC5C，增设附加硬件与传感器（如 ABB 集成视觉）也变得格外轻松便捷。第二代 IRC5C 机器人控制器如图 3-44 所示。

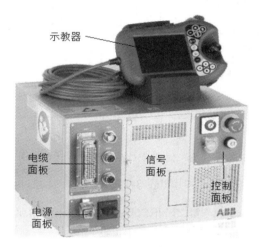

图 3-44　第二代 IRC5C 机器人控制器

第二代 IRC5C 控制器面板采用精简设计，完成了线缆接口的改良，以增强使用的便利性和操作的直观性。例如，已预设所有信号的外部接口，并内置可扩展 16 路输入/16 路输出 I/O 系统。焊接机器人控制器接口如图 3-45 所示。

图 3-45　焊接机器人控制器接口

第二代 IRC5C 控制器面板接口说明如图 3-46 所示。

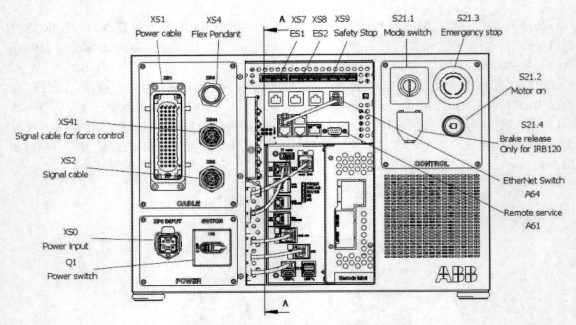

图 3-46　第二代 IRC5C 控制器面板接口说明

第二代 IRC5C 控制器面板接口说明如表 3-11 所示。

表 3-11　第二代 IRC5C 控制器面板接口说明

接口	说明	备注
Power switch（Q1）	主电源控制开关	
Power input	220V 电源接入口	
Signal cable	SMB 电缆连接口	连接至机器人 SMB 输出口
Signal cable for force control	力控制选项信号电缆入口	有力控制选项才有用
Power cable	机器人主电缆	连接至机器人主电输入口
Flex pendant	示教器电缆连接口	
ES1	急停输入接口 1	
ES2	急停输入接口 2	
Safety stop	安全停止接口	
Mode switch	机器人运动模式切换	
Emergency stop	急停按钮	
Motor on	机器人马达上电/复位按钮	
Brake release	机器人本体送刹车按钮	只对 IRB120 有效
Ethernet switch	Ethernet 连接口	
Remote service	远程服务连接口	

3. ABB 机器人标准 I/O 板

DSQC652 标准 I/O 板中，XS12、XS13 为八位的数字输入接口，XS14、XS15 为八位数字输出接口，XS16 是 24V/0V 电源接口，XS17 是 DEVICENET 外部连接口，DSQC652 标准 I/O 板实物图如图 3-47 所示，示意图如图 3-48 所示。

图 3-47 DSQC652 标准 I/O 板接口实物图

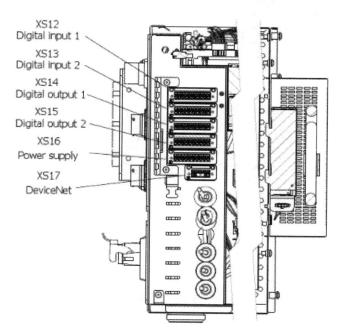

图 3-48 DSQC652 标准 I/O 板接口示意图

DSQC652 标准 I/O 板接口说明如表 3-12 所示。

表 3-12　DSQC652 标准 I/O 板接口信号对应表

接口信号	类型	说明
XS12	八位数字输入	地址 0~7
XS13	八位数字输入	地址 8~15
XS14	八位数字输出	地址 0~7
XS15	八位数字输出	地址 8~15
XS16	24V/0V 电源	0V 和 24V 每位间隔
XS17	DEVICENET 外部连接口	

4. 建立输入输出信号

（1）将机器人控制柜上的钥匙旋钮打到手动模式，如图 3-49 所示。

（2）单击示教器上的 按钮，在弹出的界面中单击"控制面板"，如图 3-50 所示。

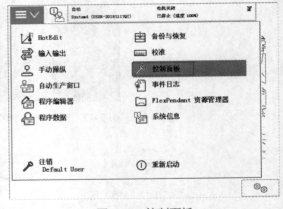

图 3-49　手动模式　　　　　　　　　　　　图 3-50　控制面板

（3）在弹出的界面中单击"配置　配置系统参数"，如图 3-51 所示。

图 3-51　配置参数

（4）在弹出的界面中，单击 DeviceNet Device，再单击"显示全部"按钮，如图 3-52 所示。

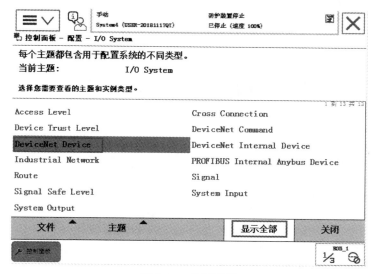

图 3-52　控制面板

（5）在弹出的界面中，单击"添加"按钮，如图 3-53 所示。

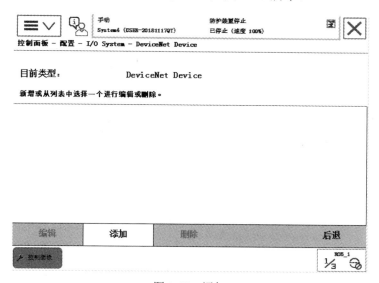

图 3-53　添加

（6）在弹出的界面中，单击 Name 对应的值 tmp0，如图 3-54 所示。

（7）在弹出的界面中，单击屏幕上的键盘，将 tmp0 改为 D652_10，然后单击"确定"按钮，如图 3-55 所示。

（8）在弹出的界面中，单击屏幕上的▽按钮，在屏幕下方找到 Address 选项，如图 3-56 所示。

（9）单击 Address 选项对应的值 63，在弹出的界面中修改 Address 选项对应的值为 10，再单击数字键盘上的"确定"按钮，如图 3-57 所示。

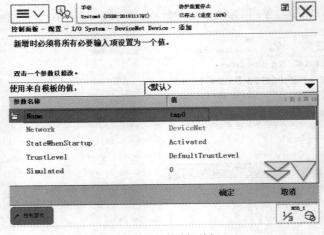

图 3-54　控制面板

图 3-55　修改名称

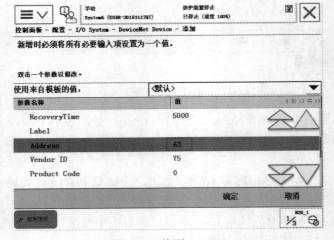

图 3-56　找到 Address

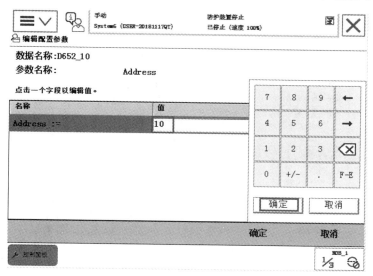

图 3-57　修改 Address 值

（10）在弹出的界面中，Address 选项对应的值已经修改为 10，单击"确定"按钮，如图 3-58 所示。

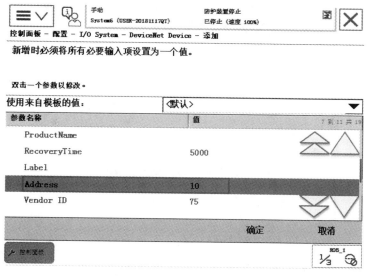

图 3-58　Address 值已修改

（11）单击屏幕上的▽按钮，找到参数名称为 Connection Output Size(bytes)和 Connection Iutput Size (bytes)的选项，如图 3-59 所示。

（12）修改 Connection Output Size(bytes)选项的值为 2，然后单击数字键盘上的"确定"按钮，如图 3-60 所示。

（13）修改 Connection Iutput Size (bytes)选项的值为 2，当 Connection Output Size(bytes) 和 Connection Iutput Size (bytes)选项的值都为 2 时单击"确定"按钮，如图 3-61 所示。

（14）弹出"重新启动"对话框，单击"否"按钮，如图 3-62 所示。

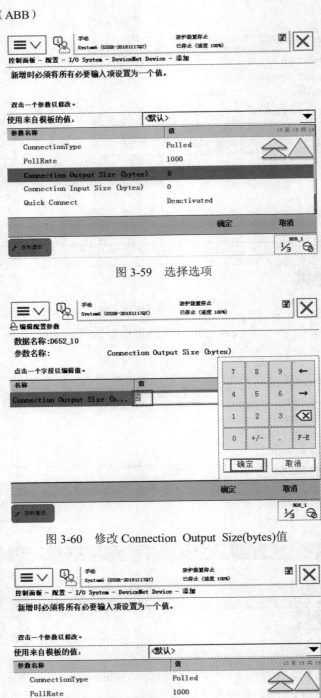

图 3-59   选择选项

图 3-60   修改 Connection Output Size(bytes)值

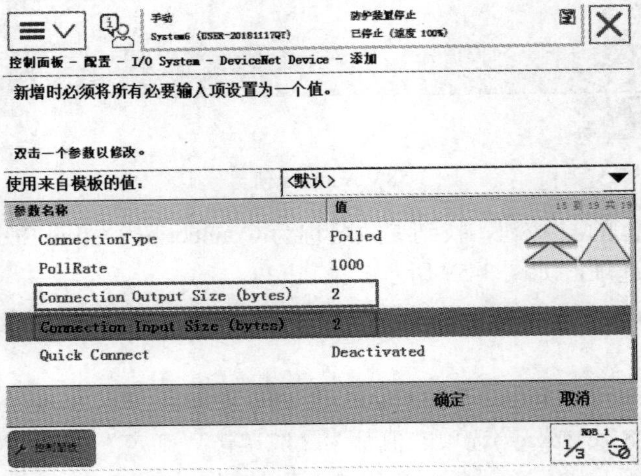

图 3-61   确认值修改

图 3-62　是否重新启动

（15）在"控制面板"的"配置"界面中找到 Signal 选项，单击"显示全部"按钮，如图 3-63 所示。

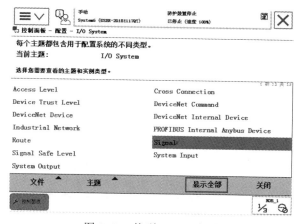

图 3-63　找到 Signal 选项

（16）在弹出的界面中单击"添加"按钮，如图 3-64 所示。

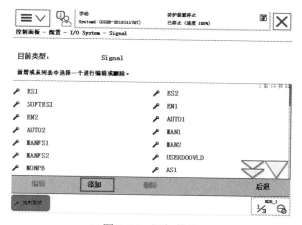

图 3-64　添加信号

（17）在弹出的界面中单击参数名称 Name 对应的值 tmp0，如图 3-65 所示。

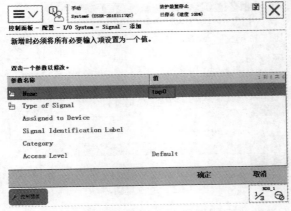

图 3-65　找到 tmp0 选项

（18）修改 tmp0 为 D652_10_DO2，单击"确定"按钮，如图 3-66 所示。

图 3-66　修改名称为 DSQ652_10_DO2

（19）修改 Tpye of Signal 对应的值为 Digital Onput，如图 3-67 所示。

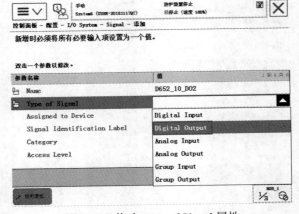

图 3-67　修改 Tpye of Signal 属性

（20）修改 Assigned to Device 对应的值为 D652_10，如图 3-68 所示。

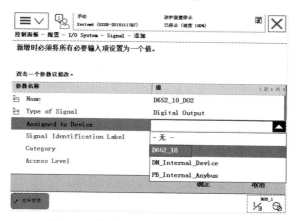

图 3-68　修改 Assigned to Device 属性

（21）单击 Device Mapping 选项，如图 3-69 所示。

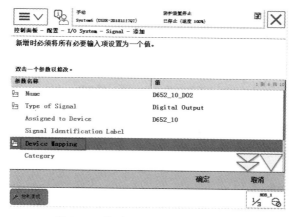

图 3-69　修改 Device Mapping 属性

（22）在弹出的 Device Mapping 对话框中输入 0，单击"确定"按钮，如图 3-70 所示。

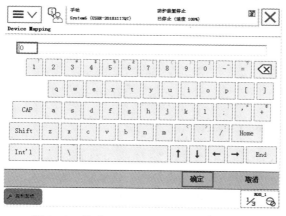

图 3-70　修改 Device Mapping 属性值为 0

（23）参数名称为 Device Mapping 的值已经修改为 0，单击"确定"按钮，如图 3-71 所示。

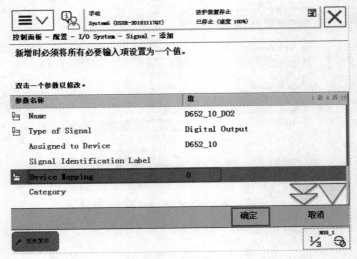

图 3-71　信息确认

开关量输出信号 DO2 设置完毕，修改完的界面如图 3-72 所示。

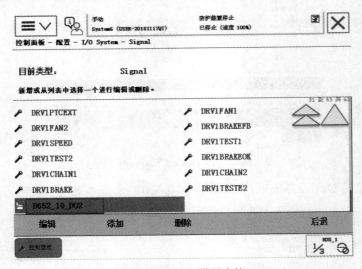

图 3-72　DO2 设置完毕

其他信号的配置方法同上，所有信号配置完成后重启示教器。

5. 建立以焊枪为工具的工具坐标

（1）单击示教器菜单中的"手动操纵"，如图 3-73 所示。

（2）在弹出的"手动操纵"界面中单击"工具坐标"对应的 tool0，如图 3-74 所示。

（3）在弹出的"工具"界面中单击"新建"按钮，如图 3-75 所示。

（4）在"新数据声明"界面中，单击 tool1 旁边的 ... 按钮，如图 3-76 所示。

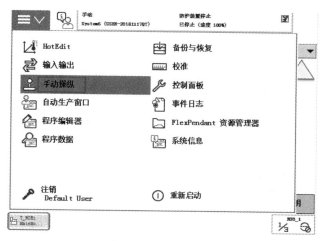

图 3-73　手动操纵

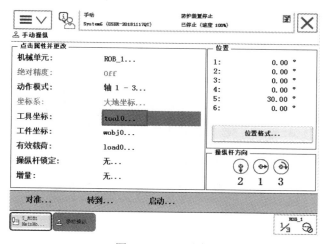

图 3-74　工具坐标

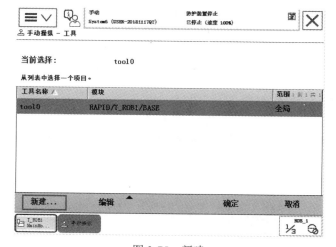

图 3-75　新建

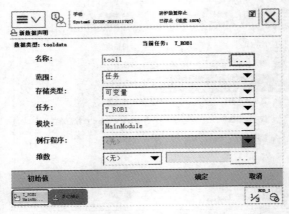

图 3-76　修改名称

（5）在弹出的"输入面板"界面中，输入工具的名称 weld（焊接），单击"确定"按钮，在弹出的界面中再单击"确定"按钮，如图 3-77 所示。

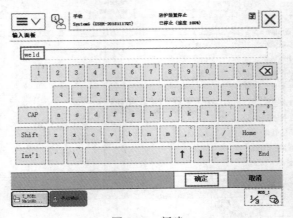

图 3-77　新建

在弹出的"手动操纵－工具"界面中，weld 工具已经被建立，用"四点法"操纵机器人建立工具过程，本部分不做介绍，如图 3-78 所示。

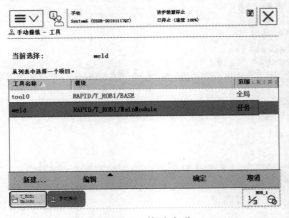

图 3-78　修改名称

（6）修改工具的重量 mass 参数，以实际的工具重量修改其值，这里以修改值为 1 为例说明，单击"确定"按钮，如图 3-79 所示。

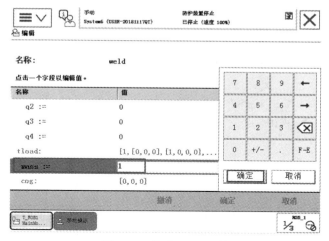

图 3-79 修改 mass 参数

在弹出的"手动操纵"界面中，工具坐标自动被定义为刚才建立的焊接工具坐标 weld，如图 3-80 所示。

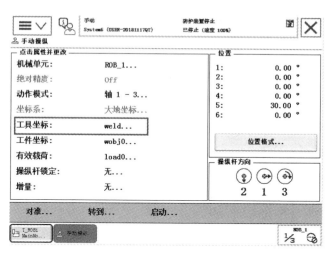

图 3-80 工具坐标显示

6. 焊接工作站机器人程序设计

以焊接一条直线为例介绍焊接机器人的工艺流程。首先机器人在机械原点以 500mm/s 的速度开始运动到过渡点（p10），再从过渡点运动到焊接的第一个点正上方 10mm 处（p20），再以 100mm/s 的速度运动到第一个焊接点（p30），等待 1 秒后以 30mm/s 的速度开始沿着直线焊接，机器人运动到第二个点（p40）时停止焊接，并以 100mm/s 的速度运动到第二个点正上方 10mm 处（p50），再以 500mm/s 的速度运动到过渡点（p10），接着调用清枪子程序，清枪结束，机器人回到机械原点，一个循环结束。

根据任务要求设计焊接工作站机器人程序的流程图，如图 3-81 所示。

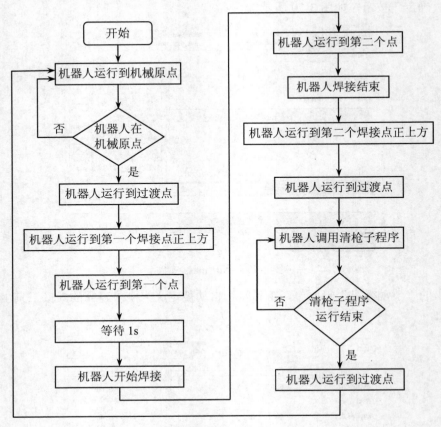

图 3-81　机器人程序流程图

主程序如下：

```
PROC main()
    MoveJ p10, v500, fine, WELD;
    MoveLp20, v500, fine, WELD;
    MoveL p30, v100, fine, WELD;
    WaitTime 1;
    Set D652_10_DO2;
    MoveL p40, v30, fine, WELD;
    Reset D652_10_DO2;
    MoveL p50, v100, fine, WELD;
    MoveJ p10, v500, fine, WELD;
    qingqiang;
ENDPROC
```

清枪子程序如下：

```
PROC qingqiang()
    MoveJ D100, v200, z50, WELD;
    MoveJ D60, v200, z50, WELD;
    MoveL jian, v50, fine, WELD;
```

```
        WaitTime 1;
        Set D652_10_DO4;
        WaitTime 1;
        Reset D652_10_DO4;
        MoveL Offs(jian,0,0,70), v100, fine, WELD;
        MoveL Offs(qing,-3,0,100), v100, fine, WELD;
        MoveL Offs(qing,-3,0,0), v50, fine, WELD;
        MoveL qing, v50, fine, WELD;
        WaitTime 1;
        Set D652_10_DO3;
        WaitTime 3;
        Reset D652_10_DO3;
        WaitTime 1;
        MoveL Offs(qing,-3,0,0), v50, z50, WELD;
        MoveL Offs(qing,-3,0,100), v100, z50, WELD;
        MoveL D100, v200, z50, WELD;
        MoveJ D110, v200, z50, WELD;
    ENDPROC
```

程序编写完成后单击示教器中的菜单"调试"，在弹出的列表框中单击"PP 移至 main"，如图 3-82 所示。

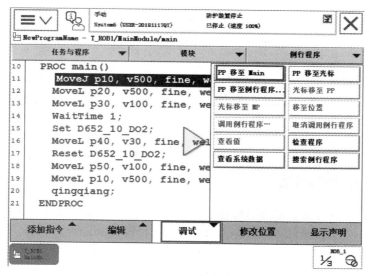

图 3-82　完整程序

在主程序界面中，红色的标记箭头指向主程序 main() 下面的第一行，表示机器人程序从本行开始执行，如图 3-83 所示。

程序有错误找出并修改。确认无错误后，按下示教器上的"使能"按钮，确保机器人电柜上的伺服使能上电，单击示教器操作面板上的 ▶ 按钮，观察机器人的运动轨迹，运行过程中是否存在奇异点，如果存在奇异的，按下示教器操作面板上的停止按钮，修改奇异点为正常点后再进行程序的运行，直到机器人完成激光焊接机的焊接任务。

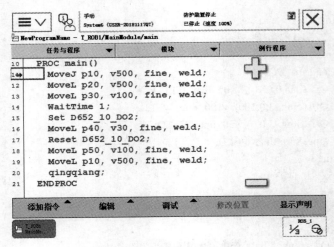

图 3-83　指针移动到主程序

【技能实训】

任务考核评分表

序号	考核内容	考核方式	考核标准	权重	成绩
1	焊接机器人的工艺规程	理论	掌握焊接机器人工艺规程	20%	
2	焊接工作站工具坐标建立	实操	完成工具坐标建立	5%	
3	焊接工作站 I/O 信号配置	实操	完成工作站需要的 I/O 信号配置	15%	
4	焊接工作站机器人程序设计	实操	完成焊接工作站机器人程序编写	40%	
5	焊接工作站机器人程序运行	实操	完成焊接工作站机器人程序运行	20%	

【知识拓展】

1. 焊接机器人的编程方法

焊接机器人的编程方法目前还是以在线示教方式为主,但编程器的界面比过去有了不少改进,尤其是液晶图形显示屏的采用使新的焊接机器人的编程界面更趋友好,操作更加容易。然而机器人编程时焊缝轨迹上的关键点坐标位置仍必须通过示教方式获取,然后存入程序的运动指令中。这对于一些复杂形状的焊缝轨迹来说,必须花费大量的时间示教,从而降低了机器人的使用效率,也增加了编程人员的劳动强度。

目前解决的方法有两种。一是示教编程时只是粗略获取焊缝轨迹上的几个关键点,然后通过焊接机器人的视觉传感器(通常是电弧传感器或激光视觉传感器)自动跟踪实际的焊缝轨迹。这种方式虽然仍离不开示教编程,但在一定程度上可以减轻示教编程的强度,提高编程效率。但由于电弧焊本身的特点,机器人的视觉传感器并不是对所有焊缝形式都适用。二是采取完全离线编程的办法,使机器人焊接程序的编制、焊缝轨迹坐标位置的获取、程序的调试均在一台计算机上独立完成,不需要机器人本身的参与。

2. 机器人安全操作注意事项

（1）自动模式中，任何人不得进入机器人工作区域

（2）长时间待机时，夹具上不宜放置任何工件。

（3）机器人动作中发生紧急情况或工作不正常时，均可使用急停按钮停止运行（但这将直接使程序终止不可继续）。

（4）进行编程、测试及维修等工作时，必须将机器人置于手动模式。

（5）调试机器人过程中，不需要移动机器人时必须释放使能器。

（6）调试人员进入工作区域时，必须随身携带使能器，以防他人操作。

（7）突然停电时，必须立即关闭机器人主电源开关，并取下夹具上的工件。

（8）严禁非授权人员操作机器人。

【思考与练习】

理论题

1. 画出焊接机器人的工艺流程图。
2. IRB 1410 机器人控制器配置的标准 I/O 板的型号是什么？配置的输入输出点有几个？
3. 机器人控制柜上的钥匙开关分别是哪两种运行模式？
4. 程序指令"Set D652_10_DO2;"的含义是什么？
5. 程序语句"MoveJ p10, v500, fine, WELD;"的含义是什么？

实训题

1. 手动操作 ABB IRB1410 机器人示教器，利用机器人移动到绝对轴位置指令移动机器人到机械零点。

2. 建立机器人程序，配置焊接工作站的 I/O 信号，通过示教的方式完成编写焊接机器人焊接一条直线后回到机械原点位置的程序，注意调整机器人运行和焊接时的速度。

任务 3 焊接工作站机器人仿真程序设计

【任务描述】

1. 了解机器人编程方法。
2. 利用 ABB 离线编程软件 RobotStudio 建立机器人系统。
3. 使用 RobotStudio 软件进行简单轨迹编程。
4. 离线编程系统演示。

【任务分析】

机器人离线编程系统是机器人编程语言的拓展，它利用计算机图形学的成果建立起机器人及其工作环境的模型，利用一些规划算法，通过对图形的控制和操作，在不使用实际机器人的

情况下进行轨迹规划，进而产生机器人程序。自动编程技术的核心是焊接任务、焊接参数、焊接路径和轨迹的规划技术。针对弧焊应用，自动编程技术可以表述为在编程各阶段中辅助编程者完成独立的具有一定实施目的和结果的编程任务技术，具有智能化程度高、编程质量和效率高等特点。离线编程技术的理想目标是实现全自动编程，即只需输入工件模型，离线编程系统中的专家系统会自动制定相应的工艺过程，并最终生成整个加工过程的机器人程序。目前，还不能实现全自动编程，自动编程技术是当前研究的重点。

【任务目标】

- 能够利用 RobotStudio 建立相应的机器人系统。
- 能够使用 RobotStudio 软件进行简单轨迹编程。
- 能够对离线编程系统进行演示。

【相关知识】

1. 机器人编程方法

目前，应用于机器人编程的方法主要有以下两种：

（1）示教编程。简单地讲就是在机器人现场，通过手持示教器让机器人运动到目标点，选择机器人运动指令，逐点记录每一位置、姿态的有关数据并存储起来，接着编辑并再现示教过的动作。示教编程是一项成熟的技术，它是目前大多数工业机器人的编程方式。

（2）离线编程。离线编程也称离线示教，不对实际作业的机器人直接进行示教，而是在专门的离线编程软件三维虚拟环境中间接地对机器人进行轨迹规划编程的一种方法。

离线编程程序通过支持软件的解释或编译产生目标程序代码，最后生成机器人路径规划数据。一些离线编程系统带有仿真功能，可以在不接触实际机器人及其工作环境的情况下，在三维软件中提供一个和机器人进行交互作用的虚拟环境。

2. 示教编程和离线编程方法比较

示教编程和离线编程方法比较如表 3-13 所示。

表 3-13　示教编程和离线编程方法比较

示教编程	离线编程
需要实际机器人系统和工作环境	不需要实际的机器人系统和工作环境
编程时机器人停止工作	编程时不影响机器人工作
编程的质量取决于编程者的水平	可用 CAD 方法进行最佳轨迹规划
难以实现复杂的机器人运行轨迹	可实现复杂运行轨迹的编程

3. ABB 离线编程软件介绍

ABB 机器人使用的离线编程软件是 RobotStudio，本教材使用的版本是 RobotStudio 6.03，目前最新版本是 RobotStudio 6.08。RobotStudio 与机器人在实际生产中运行的软件完全一致，利用 RobotStudio 提供的各种工具，可在不影响生产的前提下执行培训、编程和优化等任务，不仅提高机器人系统的盈利能力，还能降低生产风险、加快投产进度、缩短换线时间、提高生产效率。

【任务示范】

1. 创建机器人系统

在计算机上双击 RobotStudio 6.03 (64 位)快捷图标，打开 RobotStudio 软件。在弹出的界面中，单击"文件"→"新建"命令，单击"空工作站"，再单击"创建"按钮，如图 3-84 所示。

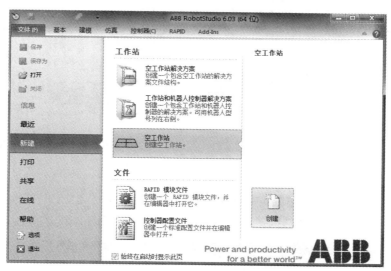

图 3-84　创建空工作站

在弹出的界面中，单击工具栏中的"ABB 模型库"，在弹出的机器人模型库中单击 IRB1410 机器人导入机器人，如图 3-85 所示。

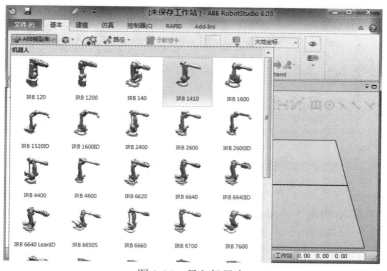

图 3-85　导入机器人

单击工具栏中的"导入模型库"，在弹出的下拉菜单中单击"设备"，向下拖动滚动条，找到"工具"选项，单击焊枪 AW Gun PFS25，如图 3-86 所示。

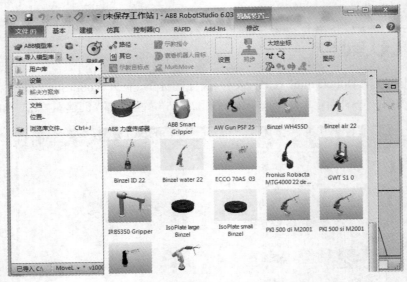

图 3-86　导入工具模型

AW_Gun_PSF_25 出现在左侧布局视图中，把 AW_Gun_PSF_25 工具拖拽到机器人上，单击"是"按钮，焊枪工具安装到机器人的第六轴法兰盘上，如图 3-87 所示。

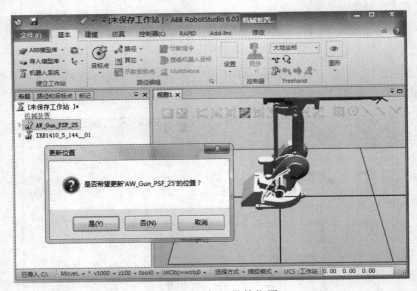

图 3-87　更新工具的位置

右击画面，在弹出的快捷菜单中选择"查看全部"选项，如图 3-88 所示，全部视图如图 3-89 所示。

右击"布局"视图中的机器人，在弹出的快捷菜单中选择"位置"→"旋转"选项，如图 3-90 所示。

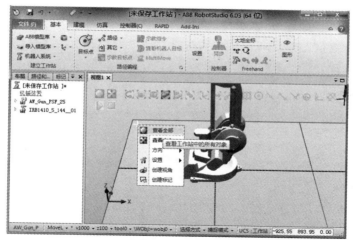

图 3-88　查看全部

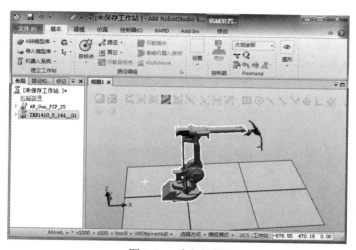

图 3-89　全部视图

图 3-90　机器人旋转

在"旋转"任务窗格中，选择绕 Z 轴旋转 180 度，设置如图 3-91 所示。

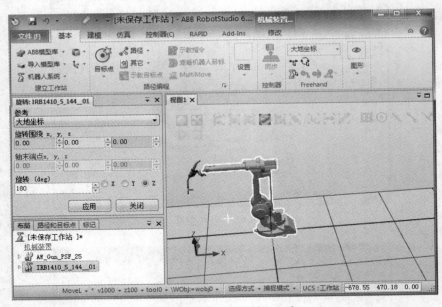

图 3-91　绕 Z 轴旋转 180 度

单击"布局"视图中的机器人，单击"移动"按钮 ⚙，拖动机器人到合适位置，如图 3-92 所示。

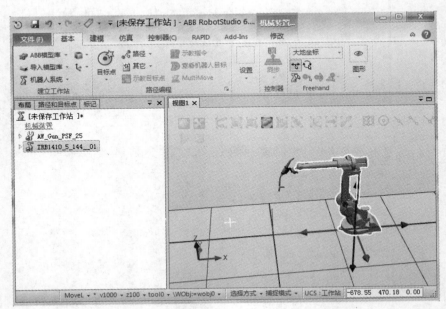

图 3-92　机器人沿 X 轴移动

单击工具栏中的"机器人系统"，在弹出菜单中单击"从布局"，如图 3-93 所示。
在弹出的"从布局创建系统"对话框中单击"下一个"按钮，如图 3-94 所示。
在弹出的"选择系统的机械装置"对话框中单击"下一个"按钮，如图 3-95 所示。

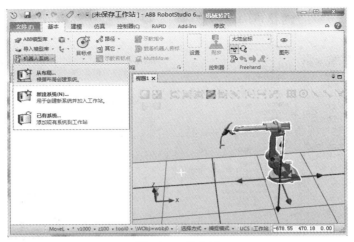

图 3-93　从布局

图 3-94　系统位置和名字

图 3-95　选择系统的机械装置

在弹出的"系统选项"对话框中单击"选项"按钮，如图 3-96 所示。

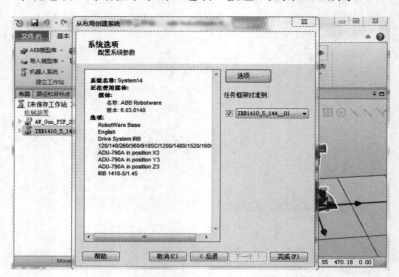

图 3-96　系统选项

在"类别"选项中单击 Default Language，在"选项"中勾选 China，如图 3-97 所示。

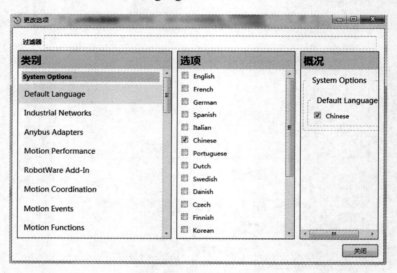

图 3-97　选项默认语言

在"类别"选项中单击 Industrial Network，在"选项"中勾选 709-1DeviceNet，如图 3-98 所示。

在"类别"选项中单击 Anybus Adapters，在"选项"中勾选 840-2 FROFIBUS，单击"关闭"按钮，如图 3-99 所示。

在弹出的对话框中单击"完成"按钮，如图 3-100 所示。

在弹出的"控制器状态"对话框中，控制器正在启动，状态呈"红色"状态，等待几分钟，控制器状态变为绿色，说明系统从布局完成，如图 3-101 所示。

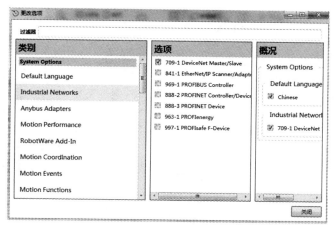

图 3-98　工业网络选项

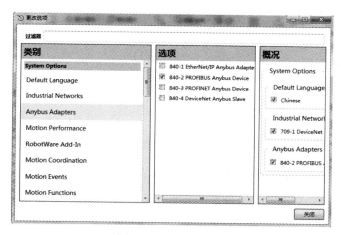

图 3-99　适配器选项

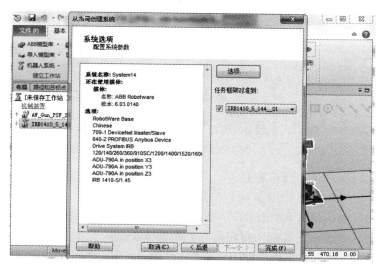

图 3-100　完成选项

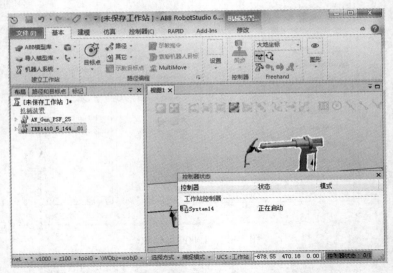

图 3-101 系统从布局

2. 焊接工件建模

单击"建模"选项卡"创建"组中的"固体"，在下拉列表中选择"圆柱体"，如图 3-102 所示。

图 3-102 创建圆柱体

在弹出的"创建圆柱体"任务窗格中，半径设置为 200，高度设置为 600，单击"创建"按钮，再单击"关闭"按钮，如图 3-103 所示。

为了操作方便，将机器人和焊枪的属性设置为"不可见"，右击机器人，在弹出的快捷菜单中取消对"可见"复选项的选择，焊枪操作和机器人类似，如图 3-104 所示。

右击"部件 1"，在弹出的快捷菜单中选择"重命名"选项，修改名字为"底座"，如图 3-105 所示。

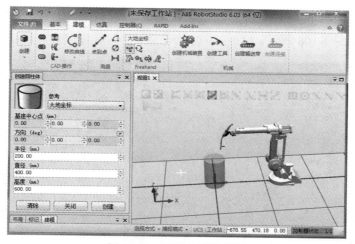

图 3-103　圆柱体属性设置

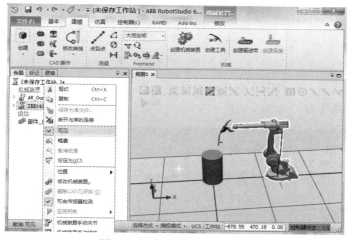

图 3-104　机器人焊枪不可见

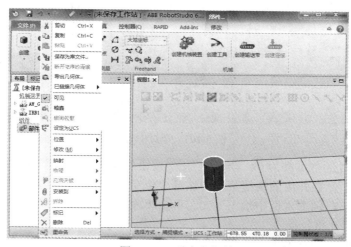

图 3-105　重命名部件

　　按类似的方法再创建一个矩形体，创建过程和创建圆柱体类似，本节不做详细讲解，第一个矩形体的参数如图3-106所示。

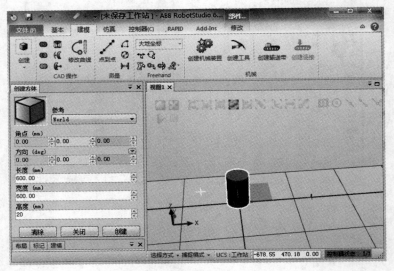

图 3-106　矩形体参数

　　对其设定本地原点，在视图1中单击"选择表面"工具▇和"捕捉中心"工具◎，鼠标在矩形体上移动获取其中心，如图3-107所示。

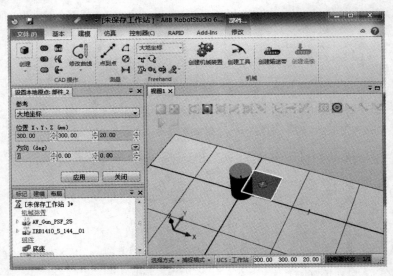

图 3-107　捕捉中心

　　修改"位置"处的数据都为0，单击"应用"按钮，再单击"关闭"按钮，如图3-108所示。

　　右击"部件 2"，在弹出的快捷菜单中选择"位置"→"设定位置"选项，在弹出的"位置"对话框中，在 Z 轴文本框中输入 600，单击"应用"按钮，再单击"关闭"按钮，如图 3-109 所示。

　　设置完成后如图3-110所示。

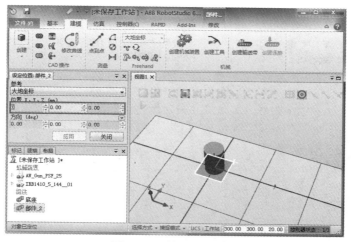

图 3-108　修改位置数据

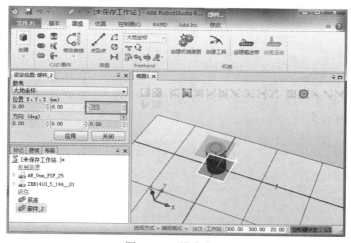

图 3-109　设定位置

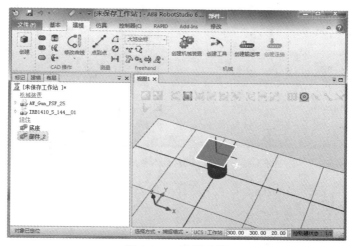

图 3-110　设置完毕

创建第二个矩形体，过程同第一个矩形体的创建，矩形体参数如图 3-111 所示。

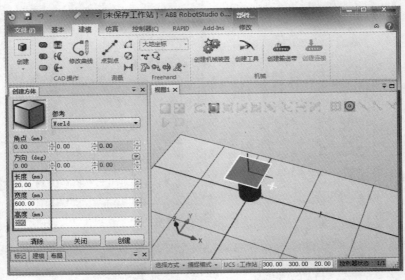

图 3-111　第二个矩形体参数

右击"部件 3"，在弹出的快捷菜单中选择"修改"→"设定本地原点"选项，单击"选择表面"工具■和"捕捉中点"工具，单击 X 位置使鼠标在 X 位置快闪，鼠标捕捉矩形体 2 下面边框的中点，如图 3-112 所示。

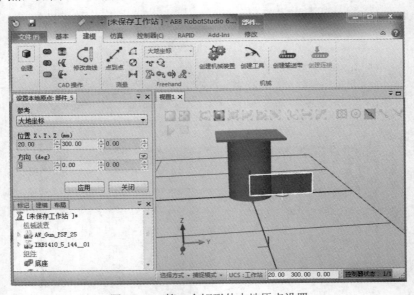

图 3-112　第二个矩形体本地原点设置

右击"部件 3"，在弹出的快捷菜单中选择"位置"→"设定位置"选项，输入设定的参数，单击"应用"按钮，再单击"关闭"按钮，设定参数如图 3-113 所示。

设置完成后如图 3-114 所示。

单击机器人使机器人和焊枪的属性为可见，如图 3-115 所示。

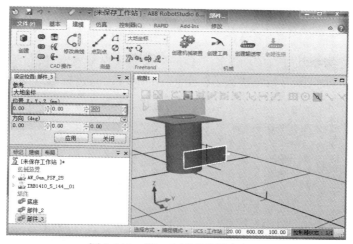

图 3-113　第二个矩形体设定位置

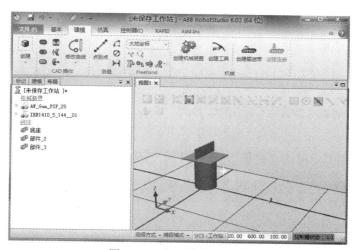

图 3-114　矩形体设置完毕

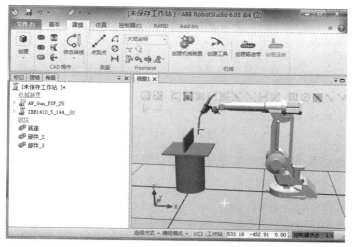

图 3-115　机器人焊枪可见

3．焊缝轨迹示教

以机器人模拟焊接相互垂直的两个矩形体的一条直线焊缝为例介绍。

选择机器人的工件坐标为系统默认工件坐标 wobj0，工具坐标选择 AW_Gun，如图 3-116 所示。

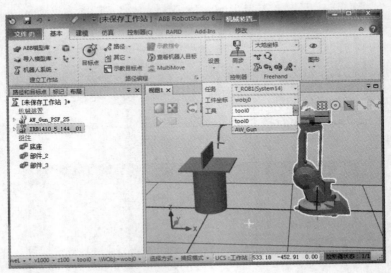

图 3-116　工具坐标选择

在"基本"选项卡中单击"路径"→"空路径"，如图 3-117 所示。

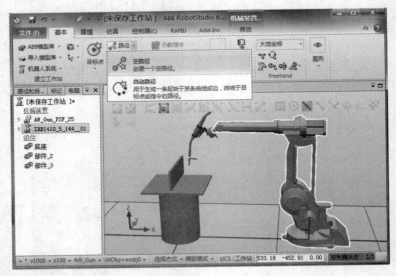

图 3-117　空路径

生成 Path_10 路径，在下面的状态栏中，选择运动方式为 MoveL，速度为 v150，转弯半径选择 fine，对应的工具坐标和工件坐标具体设置如图 3-118 所示。

单击"布局"选项卡，再单击机器人，选择手动线性方式，如图 3-119 所示。

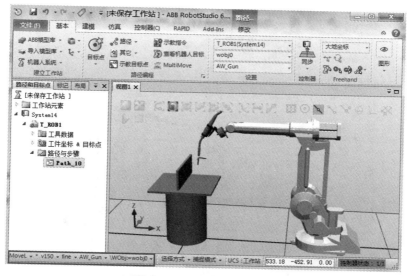

图 3-118　机器人运动方式

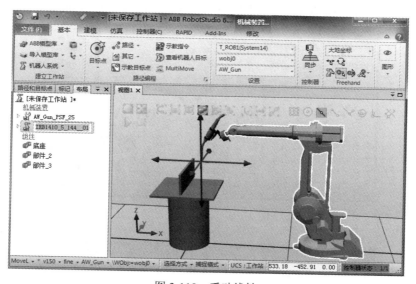

图 3-119　手动线性

拖动机器人运动到一个过渡点，单击"示教指令"，生成第一条运动指令 MoveL Target_10，如图 3-120 所示。

拖动机器人运动到直线焊缝第一个点位置，单击"示教指令"，生成第二条运动指令 MoveL Target_20，如图 3-121 所示。

调整机器人的运行速度为 v30，其他参数不做修改。

拖动机器人运动到直线焊缝第二个点位置，单击"示教指令"，生成第三条运动指令 MoveL Target_30，如图 3-122 所示。

拖动机器人运动到焊枪抬起位置，单击"示教指令"，生成第四条运动指令 MoveL Target_40，如图 3-123 所示。

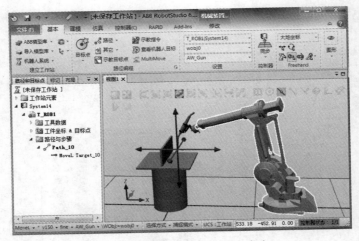

图 3-120 机器人运动到第一个点

图 3-121 焊接第一个点

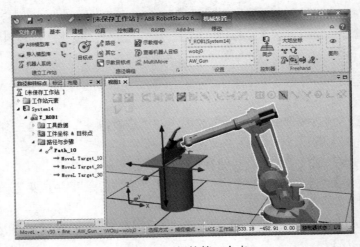

图 3-122 焊接第二个点

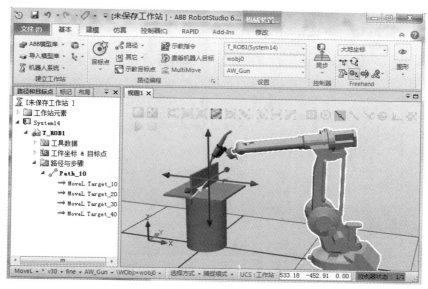

图 3-123　焊枪抬起

机器人回到机械原点，单击"示教指令"，生成第五条运动指令 MoveL Target_50，轨迹示教结束，如图 3-124 所示。

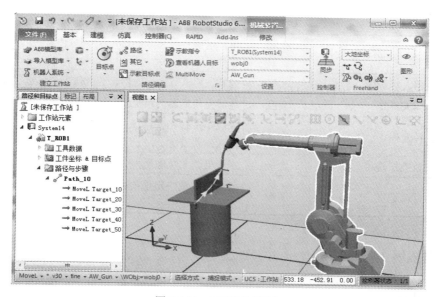

图 3-124　回到机械原点

右击 Path_10，在弹出的快捷菜单中选择"到达能力"，五条路线全部是绿色对钩标记，说明示教轨迹正常，如图 3-125 所示。

右击 Path_10，在弹出的快捷菜单中选择"配置参数"→"自动配置"，机器人沿着刚才示教的轨迹运动。

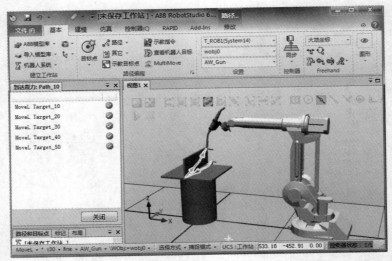

图 3-125　到达能力

【技能实训】

任务考核评分表

序号	考核内容	考核方式	考核标准	权重	成绩
1	打开 RobotStudio 6.03 软件	实操	可以正确打开 RobotStudio 对应操作系统的软件	5%	
2	导入机器人和焊枪	实操	能够按要求导入相应型号的机器人和焊枪	15%	
3	创建机器人系统	实操	能够完成机器人系统的创建	20%	
4	焊接工件建模	实操	完成矩形体和圆柱体的建模，本地原点设定和位置设定	25%	
5	机器人轨迹示教	实操	完成机器人轨迹生成	25%	
6	系统运行调试	实操	对操作过程中出现的错误可以调试，直到正确运行	10%	

【知识拓展】

1. 遥控焊接

遥控焊接是指人离开现场在安全环境中对焊接设备和焊接过程进行远程监视和控制，从而完成完整的焊接工作。如核电站设备的维修、海洋工程建设以及未来的空间站建设中都要用到焊接，这些环境中的焊接工作不适合人亲临现场，而目前的技术水平还不可能实现完全的自主焊接，因此需要采用遥控焊接技术。目前，美国、日本等国对遥控焊接进行了深入的研究，我国的哈尔滨工业大学也正在进行这方面的研究。

【思考与练习】

理论题

1. 机器人编程方法有几种，请分别简述。
2. 示教编程和离线编程方法各自的优缺点是什么？
3. 简述机器人离线编程的意义。

实训题

打开 RobotStudio 6.03（64 位）软件，导入相应型号的机器人和焊枪，建立机器人系统，完成系统的从布局。建立矩形体和圆柱体模型，设置相应参数，设置本地原点和位置。完成机器人轨迹示教。

任务4 工业机器人焊接工作站系统运行调试

【任务描述】

本任务需要在焊接作业前做好准备，检测好系统中各设备，调节焊机电压电流，运行编写好的机器人程序，完成机器人自动执行焊接任务。在焊接过程中，可以对机器人及焊接设备进行调试使设备运行正常。

【任务分析】

能否保障焊接作业安全、顺利地进行，做好焊接作业前的各项安全准备工作。要检查焊接设备是否完整好用，检查 CO_2 气瓶上的压力表是否正常、焊机运转和使用是否正常、机器人是否运行正常等。

【任务目标】

- 完成焊接作业前的准备工作。
- 根据焊接材料完成焊机相关参数的设置。
- 完成机器人程序的运行。
- 完成焊接工作站系统的运行调试。

【相关知识】

1. 基本焊接用语

焊接：两种或两种以上材质（同种或异种），通过加热、加压或二者并用来达到原子之间的结合而形成永久性连接的工艺过程。

电弧：由焊接电源供给的，在两极间产生强烈而持久的气体放电现象。

（1）按电流种类可分为：交流电弧、直流电弧和脉冲电弧。

（2）按电弧的状态可分为：自由电弧和压缩电弧（如等离子弧）。

（3）按电极材料可分为：熔化极电弧和不熔化极电弧。

熔滴：焊丝先端受热后熔化，并向熔池过渡的液态金属滴。

熔池：熔焊时焊件上所形成的具有一定几何形状的液态金属部分。

焊缝：焊接后焊件中所形成的结合部分。

焊缝金属：由熔化的母材和填充金属（焊丝、焊条等）凝固后形成的那部分金属。

保护气体：焊接中用于保护金属熔滴和熔池免受外界有害气体（氢、氧、氮）侵入的气体。

CO_2 气体保护焊：以 CO_2 作为保护气体的电弧焊接方法。

MAG 焊接：用混合气体 $75\% \sim 95\%$ Ar $+ 25\% \sim 5\%$ CO_2（标准配比：80%Ar $+ 20\%CO_2$）作保护气体的熔化极气体保护焊。

MIG 焊接：

（1）用高纯度氩气 Ar$\geqslant 99.99\%$作保护气体的熔化极气体保护焊接铝及铝合金、铜及铜合金等有色金属。

（2）用 98% Ar $+ 2\%CO_2$ 或 95%Ar $+ 5\%CO_2$ 作保护气体的熔化极气体保护焊接实心不锈钢焊丝的工艺方法。

（3）用氦+氩惰性混合气作保护的熔化极气体保护焊。

母材：被焊接或切割的金属（材料）。

余高：坡口焊接或角焊后高出焊接表面的不必要的焊接部分。

未焊透：本来应该完全焊透的焊接接头中残留有没有焊透的部分，如图 3-126 所示。

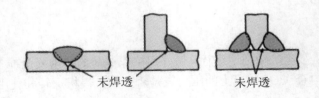

图 3-126　未焊透

焊接部：包含焊接金属及热影响区的这部分的总称。

部分熔深：没有超过接头处板厚的熔深。

完全熔深：超过接头处板厚的熔深。

未熔合：在焊接的界面上没有能够很好地相互熔合，如图 3-127 所示。

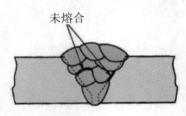

图 3-127　未熔合

咬边：在焊趾处母材被挖掉，熔化金属没有能够填满，留下的沟槽，如图 3-128 所示。

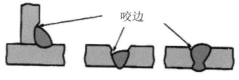

图 3-128　咬边

满溢：填充金属在焊趾处没有将母材熔化而覆盖在母材上的部分，如图 3-129 所示。

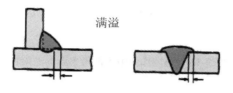

图 3-129　满溢

2. 焊接的 3 个条件

（1）焊接电流：是影响熔深、焊丝熔化速度（即效率）的主要因素。

（2）电弧电压。主要与"电弧的长度"和"熔深的状态"有关，电弧电压与焊缝形状如图 3-130 所示。

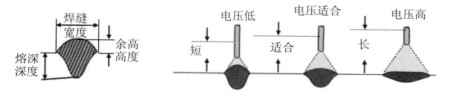

图 3-130　电弧电压和焊缝形状

（3）焊接速度：主要与"熔深状态"（焊缝宽度、熔深、余高）有关。

3. 焊接方法介绍

（1）电弧焊。

电弧焊是目前应用最广泛的焊接方法，包括手弧焊、埋弧焊、钨极气体保护电弧焊、等离子弧焊、熔化极气体保护焊等。

绝大部分电弧焊是以电极与工件之间燃烧的电弧作热源。在形成接头时，可以采用也可以不采用填充金属。所用的电极是在焊接过程中熔化的焊丝时叫做熔化极电弧焊，如手弧焊、埋弧焊、气体保护电弧焊、管状焊丝电弧焊等；所用的电极是在焊接过程中不熔化的碳棒或钨棒时叫做不熔化极电弧焊，如钨极氩弧焊、等离子弧焊等。

（2）手弧焊。

手弧焊是各种电弧焊方法中发展最早、目前仍然应用最广的一种焊接方法。它是以外部涂有涂料的焊条作电极和填充金属，电弧是在焊条的端部和被焊工件表面之间燃烧。涂料在电弧热作用下一方面可以产生气体以保护电弧，另一方面可以产生熔渣覆盖在熔池表面，防止熔化金属与周围气体相互作用。熔渣的更重要作用是与熔化金属产生物理化学反应或添加合金元素，改善焊缝金属性能。

手弧焊设备简单、轻便，操作灵活。可以应用于维修及装配中的短缝的焊接，特别是可以用于难以达到的部位的焊接。手弧焊配用相应的焊条可适用于大多数工业用碳钢、不锈钢、铸铁、铜、铝、镍及其合金。

4. 焊接作业中可能考虑到的危险性

电弧焊接作业是指使电弧产生、用电弧热使金属熔化并接合的作业，焊接作业中可能考虑到的危险性如表 3-14 所示。

表 3-14　焊接作业中可能考虑到的危险性

危险因素	危险性
电力的使用	电击的危险性
电弧的产生	眼睛的伤害、紫外线和红外线的影响
高温中的作业	烧伤或火灾的危险性
金属的熔化	烟尘与金属蒸气的产生
高压气体的使用	容器的爆炸或气体喷出

5. 焊机与机器人的信号连接

焊机与机器人连接信号线的端子和连接器位于焊接电源的后板上，焊机与机器人的连接主要有三个接口：编码器接口、控制接口和通信接口，焊机与机器人的信号连接如图 3-131 所示。

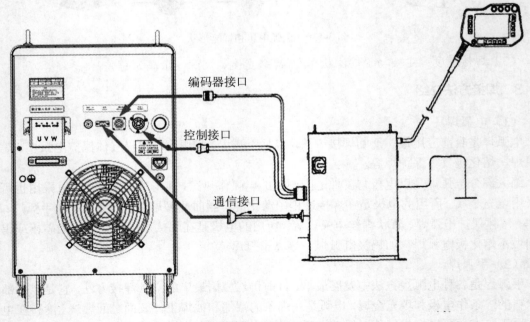

图 3-131　焊机系统连接图

- 编码器接口：通过编码器电缆连接，用来联通送丝电机传递的编码器信号。
- 控制接口：通过机器人控制电缆连接，用于连接机器人控制电缆。
- 通信接口：通过机器人通信电缆连接，用于连接机器人的通信信号。

6. 气保焊机焊接电流电压调节

在调试时，结合连接在焊机上的手动遥控盒进行手动送丝，下按手动遥控盒上的白色按钮来进行手动送丝，松开白色按钮停止送丝，电压调整按钮和电流调整按钮来调节焊机的电压与电流。压力高，相对送丝速度较快。

（1）焊接电流。

气保焊机焊接电流增大时（其他条件不变），焊缝的熔深和余高增大，熔宽没多大变化（或略为增大）。这是因为：

- 气保焊机电流增大后，工件上的电弧力和热输入均增大，热源位置下移，熔深增大。熔深与焊接电流近于正比关系。
- 气保焊机电流增大后，焊丝融化量近于成比例地增多，由于熔宽近于不变，所以余高增大。
- 气保焊机电流增大后，弧柱直径增大，但是电弧潜入工件的深度增大，电弧斑点移动范围受到限制，因而熔宽近于不变。

（2）电弧电压。

气保焊机电弧电压增大后，电弧功率加大，工件热输入有所增大，同时弧长拉长，分布半径增大，因而熔深略有减小而熔宽增大，余高减小。这是因为熔宽增大，焊丝熔化量却稍有减小所致。

（3）焊接速度。

气保焊机焊速提高时能量减小，熔深和熔宽都减小，余高也减小，因为单位长度焊缝上的焊丝金属的熔敷量与焊速成反比，熔宽则近于与焊速的开方成反比。

其中的 U 代表焊接电压，I 是焊接电流，电流影响熔深，电压影响熔宽，电流以烧透不烧穿为宜，电压以飞溅最小为宜，两者固定其一，调另一个参数即可。

气保焊机焊接电流的大小对焊接质量和焊接生产率的影响很大。焊接电流主要影响熔深的大小。气保焊机电流过小，电弧不稳定，熔深小，易造成未焊透和夹渣等缺陷，而且生产率低；电流过大，则焊缝容易产生咬边和烧穿等缺陷，同时引起飞溅。因此，气保焊机焊接电流必须选得适当，一般可根据焊条直径按经验公式进行选择，再根据焊缝位置、接头形式、焊接层次、焊件厚度等进行适当的调整。

气保焊机电弧电压是由弧长决定的，电弧长，电弧电压高；电弧短，电弧电压低。电弧电压的大小主要影响焊缝的熔宽。焊接过程中电弧不宜过长，否则气保焊机电弧燃烧不稳定，增加金属的飞溅，而且还会由于空气的侵入使焊缝产生气孔。因此，焊接时力求使用短电弧，一般要求电弧长度不超过焊条直径。气保焊机焊接速度的大小直接关系到焊接的生产率。为了获得最大的焊接速度，应该在保证质量的前提下，采用较大的焊条直径和焊接电流，同时还应按具体情况适当调整焊接速度，尽量保证焊缝高低和宽窄的一致。

7. 松下 YD-350GL4 焊机使用说明

松下 GL4 系列全数字控制脉冲 MIG/MAG 焊机面板如图 3-132 所示。

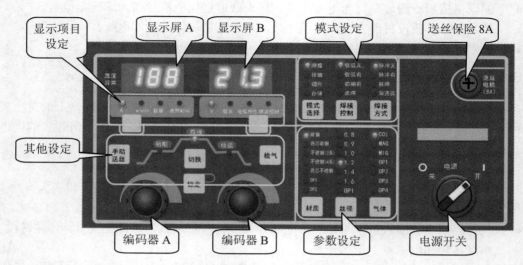

图 3-132   面板操作说明

【任务示范】

1. 作业前准备

（1）焊接操作前检查防护措施。

作业时要使用防护装置，以保护您和他人免受由焊接引起的弧光、飞溅和噪音等危害；各零配件是否齐全。

（2）把焊接的工件固定在工作台上，确保工件被固定。

（3）打开焊机电源：将焊机面板上的电源开关拨到"开"位置。

2. 检气操纵

按动"检气"按钮，检气指示灯亮，此时可检查气体有无，并通过流量计设定气体流量，具体操作如下：

（1）打开气瓶开关。

（2）轻触焊接操作面板上的"检气"按钮。

（3）将流量调整旋钮朝 OPEN 方向逐渐旋转。

（4）将流量计指示调整到所需的数值。

检气操作如图 3-133 所示。

3. 设定焊接工艺参数

以碳钢为例，钢板厚度为 5mm。

（1）参数设定。

在参数设定面板中，按动"材质"按钮，选择"碳钢"指示灯亮；按动"丝径"按钮，选择"1.2"指示灯亮；按动"气体"按钮，选择"CO_2"指示灯亮，如图 3-134 所示。

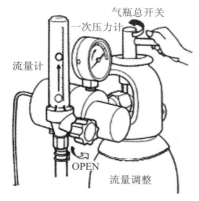

图 3-133　检气操作

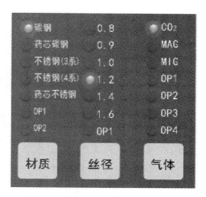

图 3-134　焊接面板参数设定

（2）模式设定。

在模式设定面板中，按动"模式选择"按钮，选择"焊接"指示灯亮；按动"焊接控制"按钮，选择"收弧无"指示灯亮；按动"焊接方式"按钮，选择"脉冲无"指示灯亮，如图 3-135 所示。

图 3-135　模式设定

（3）电流电压设定。

在其他设定面板中，按动"切换"按钮，选择"初期"指示灯亮，旋转"编码器 A"旋钮设定初期电流，如图 3-136 所示。

图 3-136　电流调整

旋转"编码器 B"旋钮设定初期电压，如图 3-137 所示。

图 3-137　电压调整

初期电流电压设定完毕之后，焊机焊接前，按动"切换"按钮，选择"焊接"指示灯亮，通过送丝机构上的调节旋钮调节焊机的电流电压，焊接电压自动匹配，可对焊接电压进行微调，幅度为±9，送丝机构上的电压电流调整按钮如图 3-138 所示。

图 3-138　电流电压调整

焊机设定完毕后如图 3-139 所示，焊机电源关闭时如图 3-140 所示。

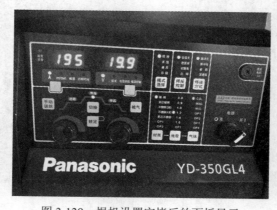

图 3-139　焊机设置完毕后的面板显示

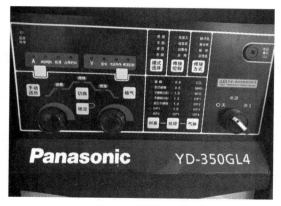

图 3-140　焊接电源关闭时的面板显示

4．打开机器人程序

在 ABB 机器人示教器中打开编写好的焊接程序，手动运行模式无误后可以切换到自动运行模式，观察机器人焊接的轨迹。

5．机器人焊接工作站运行调试

焊接完毕后，看看焊缝是否符合工艺规范，如果不符合，调整焊机参数和机器人运行程序，直到符合工艺规范为止。

【技能实训】

任务考核评分表

序号	考核内容	考核方式	考核标准	权重	成绩
1	作业前准备	实操	完成作业前的准备工作	15%	
2	检气操作	实操	完成检气操作	15%	
3	焊机参数设置	实操	完成焊机相关参数的设置	30%	
4	机器人程序运行	实操	完成机器人程序的手动/自动运行	30%	
5	工作站运行调试	实操	完成焊接工作站整体运行	10%	

【知识拓展】

1．MAG（Metal Active Gas，金属活性气体）焊接

被绕成线圈状的细径（$\Phi 0.6 \sim 1.6\text{mm}$）焊丝通过送丝电机被自动送往焊枪，该焊丝经过焊枪端部的导电嘴被通电，并在母材间产生电弧，该电弧热使母材与焊丝连续熔融，使母材金属接合。

根据保护气体的种类，大体分为 MAG 焊接和 MIG 焊接。MAG 焊接使用 CO_2 或在氩气内混合 CO_2 或氧气（这些称为活性气体）。只是使用 CO_2 气体的焊接称为 CO_2 电弧焊接，与 MAG

焊接相区别。MIG 焊接使用氩气、氦气等惰性气体。

焊丝中一般添加适量的脱氧性元素（锰、硅、钛等），防止 CO_2 分解引起的气孔的产生。

2．焊接方法与焊接效果

CO_2 和 MAG 焊接方法与焊接效果如表 3-15 所示。

表 3-15　CO_2 和 MAG 焊接方法与焊接效果

焊接方法	保护气体	焊缝表面	飞溅量	熔深	焊接材料
CO_2 焊接	CO_2 气体	稍微粗糙	较大	深	低碳钢
MAG 焊接	氩气+CO_2 气体	平滑	小	较深	低碳钢、低合金钢
	氩气+氧气	非常平滑	微量或无	浅	

3．CO_2 焊接的优点

（1）焊接速度快。

（2）熔池深。

（3）熔敷效率高。

（4）焊接质量好。

（5）焊后变形小。

（6）一种焊丝可适用于多种材质。

（7）成本低、效率高。

（8）可实现全位置焊接。

（9）可以很容易地进行薄板及厚板的焊接。

（10）易操作，易实现自动化。

4．CO_2 焊接的缺点

（1）有飞溅，焊缝外观稍差。

（2）适用材质仅限于钢系列。

5．焊接操作方法比较

（1）前进法特点：电弧推着熔池走，不直接作用在工件上，焊道平而宽，容易观察焊缝，气体保护效果好，熔深小，飞溅较大。适用于薄板，V 型坡口打底焊。

（2）后退法特点：电弧躲着熔池走，直接作用在工件上，熔深大，容易观察焊缝，焊道窄而高，气体保护效果不太好。适用于厚板，V 型坡口第二道以上焊缝，药芯焊丝焊接。

6．MAG 焊机参数设置指南

根据不同的焊接材料、焊接板的厚度、焊接方法，要选择不同的焊丝直径和调节不同的焊接电流。

具体参数设置对照如表 3-16 所示。

表 3-16　MAG 焊机参数设置对照

母材材质	板厚/mm	焊接方法	焊丝直径	焊接电流范围/A
碳钢、普通低合金钢	0.6～4.0	CO$_2$/MAG	0.6/0.8/1.0	80～160
	0.8～6.0	CO$_2$/MAG	0.8/1.0/1.2	80～200
	1.0～16	CO$_2$/MAG	0.8/1.0/1.2	80～320
	1.2～110	CO$_2$/MAG	1.0/1.2/1.4/1.6	100～460
	1.2～110	CO$_2$/MAG	1.2/1.4/1.6	100～460
	2.0～110	CO$_2$/MAG	1.2/1.4/1.6	140～460
	2.0～110	CO$_2$/MAG	1.2/1.4/1.6	140～520
	2.0～110	CO$_2$/MAG	1.2/1.4/1.6	140～600
奥氏体不锈钢	10～50	MIG（实芯焊丝）	1.2	260～420
	2.0～12	MIG（实芯焊丝）	1.0/1.2	120～300
	2.0～50	CO$_2$（药芯焊丝）	1.2/1.4	120～450

【思考与练习】

理论题

1. 什么是 CO$_2$ 气体保护焊？
2. 焊接的 3 个条件是什么？
3. 有几种焊接方法？各自的特点是什么？
4. 电弧有哪几种分类方法？
5. 焊接作业过程中可能考虑到的危险性有哪些？

实训题

根据工业机器人焊接工作站系统的整体运行流程完成以下几部分内容：
（1）焊接前的准备。
（2）焊机参数设置。
（3）运行机器人焊接程序。
（4）完成工作站整体运行调试。

参考文献

[1] 田贵福，林燕文. 工业机器人现场编程（ABB）[M]. 北京：机械工业出版社，2017.

[2] 刘长国，黄俊强. MCGS 嵌入版组态应用技术[M]. 北京：机械工业出版社，2017.

[3] 王晓瑜. 基于 SIMATIC S7-1214C PLC 和 MCGS 的步进电机监控系统设计与实现[J]. 自动化技术与应用，2018(10).

[4] 王时军. 零基础轻松学会西门子 S7-1200[M]. 北京：机械工业出版社，2014.

[5] 董舜涛，涂建. 基于 S7-1200 的两部六层电梯控制系统设计[J]. 智慧工厂，2017(11).

[6] 费存华. 焊接机器人技术研究与应用现状探讨[J]. 现代制造技术与装备，2018(05).

[7] 杨永波，崔彤，秦伟涛，李远，赵文. 焊接机器人工作站系统中焊接工艺的设计[J]. 焊接，2015(8).

[8] 靳全胜，李杰. 焊接机器人技术研究与应用现状[J]. 轻工科技，2018(02).

[9] 杨建勋，杨行，唐熙，苗伟，金世佳. 焊接机器人的研究[J]. 科技创新与应用，2018(34).

[10] 王文军. 基于 RobotStudio 的焊接机器人虚拟仿真教学[J]. 现代职业教育，2017(34).

[11] 叶晖. 工业机器人典型应用案例精析[M]. 北京：机械工业出版社，2013.

[12] 叶晖. 工业机器人工程应用虚拟仿真教程[M]. 北京：机械工业出版社，2013.